掌控Python
初学者指南

程 晨◎编著

科学出版社

北 京

内 容 简 介

本书以MicroPython 微控制器板"掌控板"为基础,面向Python初学者讲解Python编程基础知识,并通过教学项目引导读者学习Python嵌入式开发。

全书共8章,主要内容包括Python概要,Python基础,字符串、列表和字典,内置函数与模块,掌控板的显示与输出,音乐盒,按键操作与引脚控制,网络应用等。

本书适合作为Python初学者的入门参考书,还可用作青少年编程、中小学生人工智能教育的教材。

图书在版编目(CIP)数据

掌控Python.初学者指南/程晨编著.—北京:科学出版社,2021.3
ISBN 978-7-03-068135-5

Ⅰ.掌… Ⅱ.程… Ⅲ.软件工具–程序设计–指南 Ⅳ.TP311.561–62

中国版本图书馆CIP数据核字(2021)第033201号

责任编辑:喻永光 杨 凯/责任制作:魏 谨
责任印制:师艳茹/封面设计:张 凌
北京东方科龙图文有限公司 制作
http://www.okbook.com.cn

科 学 出 版 社 出版
北京东黄城根北街16号
邮政编码:100717
http://www.sciencep.com

三河市春园印刷有限公司 印刷
科学出版社发行各地新华书店经销

*

2021年3月第 一 版 开本:787×1092 1/16
2021年3月第一次印刷 印张:12 1/2
字数:250 000

定价:68.00元
(如有印装质量问题,我社负责调换)

国务院印发的《新一代人工智能发展规划》明确指出，人工智能已成为国际竞争的新焦点，我国应逐步开展全民智能教育项目，在中小学阶段设置人工智能相关课程，逐步推广编程教育，建设人工智能学科，培养复合型人才，形成我国人工智能人才高地。人工智能是引领未来的战略性技术，世界主要发达国家都把发展人工智能作为提升国家竞争力、维护国家安全的重大战略。而事实上，Python已成为人工智能及编程教育的重要抓手。

Python是一种解释型、面向对象的、动态数据类型高级程序设计语言。它具有丰富而强大的库，能够很轻松地把用户基于其他语言（尤其是C/C++）制作的各种模块联结在一起。在IEEE发布的编程语言排行榜上，Python多年名列第一。Python可以在多种主流平台上运行，很多领域都采用Python进行编程。目前，几乎所有大中型互联网企业都在使用Python。

主流的人工智能的深度学习框架，如TensorFlow、Theano、Keras等也都是基于Python开发的。而在机器视觉领域，通过Python学习OpenCV框架，也有助于快速理解机器视觉的基本概念以及重要算法。

读者对象

本书面向有意愿学习Python、特别是MicroPython的所有人，适用于中小学学生Python编程教育。

结合掌控板硬件及mPython编程环境，读者随时可以将本书内容付诸实践，在练习过程中举一反三，掌控Python入门之路。

主要内容

本书大体上可分为前后两部分，前部分主要是一些Python基础知识，包括基本的程序结构（顺序、选择、循环）、字符串、列表、字典、元组、对象、类库等。而后部分主要是基于掌控板的MicroPython内容，包括I/O口控制、交互式REPL、传感器使用、声音播放、显示屏及LED显示等。

感谢您阅读本书，如发现疏漏与错误，还恳请批评指正。您的宝贵意见正是笔者进步的驱动力。

目录

第1章 Python概要

Python是一种解释型、面向对象的、动态数据类型高级程序设计语言。它具有丰富而强大的库，能够很轻松地把用户基于其他语言（尤其是C/C++）制作的各种模块联结在一起。这两年，随着人工智能的受关注度越来越高，人们对Python的学习热情也越来越高涨。在IEEE[①]发布的编程语言排行榜上，Python多年名列第一。目前主流的深度学习框架，如TensorFlow、Theano、Keras等，都是基于Python开发的。

1.1 Python的历史

1.1.1 Python的出现

Guido van Rossum（吉多·范罗苏姆）于1989年底发明了Python，他对这一新语言的定位是"一种介于C和Shell、功能全面、易学易用、可扩展的语言"。

这门语言之所以叫"Python"（巨蟒，其logo就像是两条缠在一起的蟒蛇），是因为Guido van Rossum是电视喜剧《巨蟒组的飞行马戏团》（*Monty Python's Flying Circus*）的狂热爱好者。该剧是英国喜剧团体"巨蟒组"（Monty Python）创作的系列超现实主义电视喜剧，1969年首次以电视短剧的形式在BBC电视频道播出，推出了4季共45集。随后，"巨蟒组"的影响力从电视扩展到舞台剧、电影、音乐专辑、音乐剧等，外国媒体认为其在喜剧方面的影响力不亚于"披头士"（The Beatles）乐队在音乐方面的影响力。该喜剧团体的6位成员都是来自牛津大学和剑桥大学的高才生。

除了Python，以流行文化命名的程序语言还有不少，如Frink语言的名字就来自《辛普森一家》中的Frink教授。

---

① Institute of Electrical and Electronics Engineers，（美国）电气电子工程师协会。

1.1.2　Python的发展

Python编译器基于C语言实现，能够调用C语言的库文件。第一个公开发行版Python发行于1991年，之后历经多次换代革新，于2004年到达一个具有里程碑意义的节点——Python 2.4版诞生！6年后Python发展到2.7版——这是目前为止2.x版本中应用较广泛的版本。

2.7版的诞生不同于以往2.x版的更新，它是2.x版向3.x版过渡的一个桥梁，在最大程度上继承了3.x版的特性，同时尽量保持对2.x版的兼容性。

在Python的发展历程中，3.x版在2.7版之前就已经问世了。从2008年的3.0版本开始，Python 3.x呈迅猛发展之势，版本更新活跃，一直发展到现在的3.7.4版本。

1.2　Python的优缺点

1.2.1　Python的优点

1. 简单优雅

Python程序看上去简单易懂，有利于初学者入门，学习成本低。但随着学习的不断深入，Python一样可以满足复杂场景的开发需求。引用一个说法：Python的哲学就是简单优雅，尽量写容易看明白的代码，尽量写少的代码。

2. 开发效率高

Python作为一种高级语言，具有丰富的第三方库，官方库中也有相应的功能模块，涵盖网络、文件、GUI、数据库、文本等方面。因此，开发者无须"事必躬亲"，遇到主流的功能需求时可以直接调用，在基础库的基础上施展拳脚，可以节省很多人力成本和时间成本，缩短开发周期。

3. 无须关注底层细节

Python作为一种高级开发语言，在编程时无须关注底层细节（如内存管理等）。

4. 功能强大

Python是一种前后端通用的综合性语言，功能强大。

5. 可移植性

Python可以在多种主流平台上运行，只要开发时绕开系统平台依赖性，则可以在无须修改的前提下在多种系统平台运行Python。

1.2.2 Python的缺点

1. 代码运行速度慢

Python不像C语言可以深入底层硬件最大程度上榨取硬件性能，因此其运行速度要远低于C语言。另外，Python是解释型语言，其代码在执行时会一行一行地翻译成CPU能理解的机器码，这个翻译过程非常耗时。而C语言程序则是在运行前直接编译成CPU能执行的机器码，所以速度非常快。

不过这种慢对于不追求硬件高性能的应用来说根本不是问题，因为用户很难直观感受到！

2. 必须公开源代码

Python是一种解释型语言，没有编译打包的过程，所以必须公开源代码。

1.3 Python适用的领域

总体上讲，Python的优点多于缺点，而且缺点在多数情况下都不是根本性问题，所以现在很多领域都采用Python编程。

具体来讲，Python应用分为以下几个方面。

（1）云计算开发：Python是云计算领域最火的语言，典型如OpenStack项目就是基于Python开发的。

（2）Web开发：众多优秀的Web框架（Youtube、Instagrm、豆瓣等）均是基于Python开发的。

（3）系统运维：各种自动化工具，如CMDB、监控告警系统、堡垒机、配置管理&批量分发工具等的开发中都有Python的身影。

（4）科学计算、人工智能：据说AlphaGo的开发就使用了Python。

（5）图形GUI处理。

（6）网络爬虫：很多网络爬虫都是基于Python开发的，包括谷歌的爬虫。

目前，几乎所有大中型互联网企业都在使用Python，比如Google、Youtube、Instagram、Facebook、阿里、腾讯、百度、金山、搜狐、盛大、网易等。

1.4　mPython

Python官网有对应的IDE（集成开发环境），考虑到本书基于掌控板讲解Python编程，下面以掌控板开发环境mPython为例讲解IDE的使用。

1.4.1　mPython下载与安装

mPython是盛思科教推出的一款面向信息技术新课标的Python教学编程软件，对应的硬件就是掌控板。登录盛思科教的官方网站www.labplus.cn，就能看到mPython的下载页面，如图1.1所示。

点击下载页面中的"软件下载"即可下载mPython安装包。

图1.1　mPython的下载页面

下载完成后双击安装包文件便可开始安装，界面如图1.2所示。

图1.2　开始安装mPython

软件默认安装目录为C:\Program Files\mPython，在不更改安装目录的情况下直接点击"安装"就开始安装软件。

软件安装完成后界面如图1.3所示。

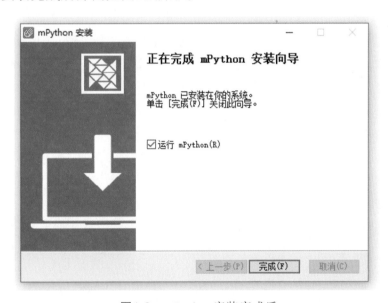

图1.3　mPython安装完成后

说　明

mPython安装完成后会出现一个安装CP210x驱动的对话框，如果之前安装过这个驱动，可以点击"取消"忽略；如果之前没有安装过，则依据提示一步一步完成驱动安装即可。

安装完成后默认运行mPython。此时会弹出"选择初始化资源"对话框，如图1.4所示。

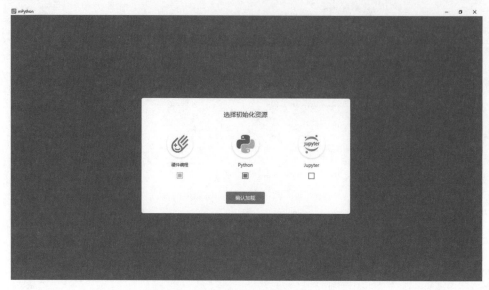

图1.4　选择初始化资源的对话框

该对话框默认选择"硬件编程"。考虑到后续主要讲解Python编程，这里将"Python"也选中。点击"确认加载"后会弹出一个Python 3.6.6的安装界面，如图1.5所示。

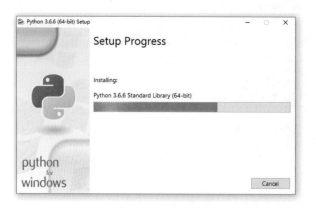

图1.5　Python 3.6.6的安装界面

> **说　明**
>
> 　　在"选择初始化资源"对话框中没有选择Python和Jupyter也没关系，启动mPython后也可进行安装。

1.4.2 mPython界面介绍

Python 3.6.6安装完成后会打开对应的mPython界面，如图1.6所示。

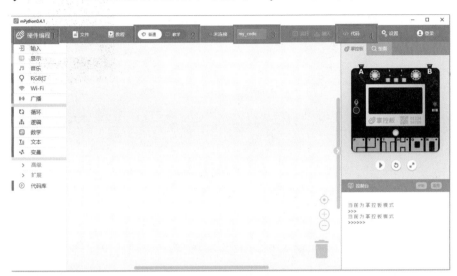

图1.6　mPython的界面

　　mPython界面默认的模式为"硬件编程"，即掌控板编程。界面右侧显示的便是掌控板的正面，基于mPython的硬件仿真功能，一些简单程序（如显示、按键交互等）的执行效果会在这里呈现出来。也就是说，没有掌控板硬件也能学习编程（之后的内容也由硬件仿真功能切入）。

　　"硬件编程"模式下，"图形化编程"是默认的编程形式，在界面左侧可看到很多指令积木，包括控制显示的、获取用户输入的、RGB灯的、广播的，以及对应程序结构的循环、逻辑、数学等。

　　界面中间最大的一片灰色空白区域为项目区，将指令积木拖拽到这里即可进行编程。界面右下角，掌控板图片下方是控制台，这里会输出一些提示信息或编程人员希望在控制台中显示的信息。

　　要想将编程形式切换为"代码编程"，可以点击图1.6红色方框4中的"代码"按钮。"代码编程"模式如图1.7所示。

图1.7　硬件编程模式下的"代码编程"形式

如果之前已经以"图形化编程"形式拖拽了一些指令积木到项目区，那么切换为"代码编程"形式后会看到对应的Python代码。不过，以"代码编程"形式输入的代码，切换为"图形化编程"形式后是不会转换为指令积木的，而是会弹出图1.7所示的提示框，提示我们可能会丢失代码。此时，如果点击"确定"，则以"代码编程"形式输入的代码会丢失。

另外，点击图1.6红色方框2中的开关可以切换"普通"模式和"教学"模式。"教学"模式如图1.8所示，界面中会同时显示图形化程序和代码程序，以方便讲解。

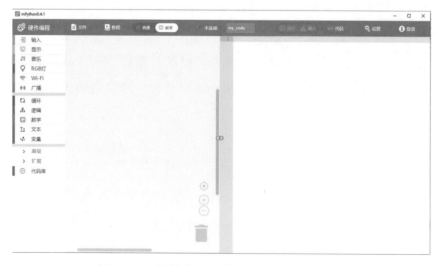

图1.8　"硬件编程"模式下的"教学"模式

> **说　明**
>
> 　　目前来看，图1.8两边都是空的，之后我们会完成一个小程序，看看有了程序后是什么样子。下面先说一下如何切换到Python 3.6的编程界面。

　　点击图1.6红色方框1中的按钮即可切换为Python 3.6，如图1.9所示。

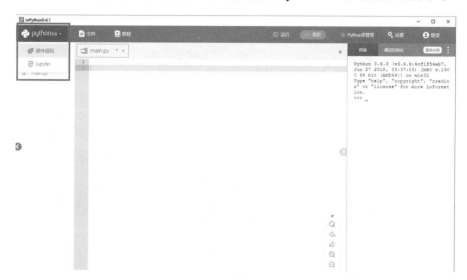

图1.9　切换为Python 3.6

> **说　明**
>
> 　　还有一个Jupyter模式，这里就不介绍了，相关内容请参考其他图书。

　　Python 3.6编程界面就简单多了，左边是文件管理区，中间是代码区，右边是终端以及调试控制台。Python 3.6编程界面中也有"图形化编程"形式，不过和"硬件编程"一样，这里的指令积木可以转换为Python代码，但Python代码无法转换为指令积木。

1.5　显示"掌控Python"

　　虽然本书内容以Python编程为主，但我们还是可以通过一个图形化编程示例来体验一下mPython的易用性。本节的目标是，利用硬件仿真功能使右侧掌控板的液晶屏显示一句"掌控Python"。

1.5.1　选择指令积木

先切换为"硬件编程"模式，然后点击"显示"展开相关的指令积木，如图1.10所示。

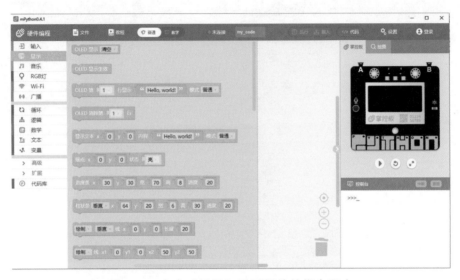

图1.10　点击"显示"展开相关的指令积木

选择第二个"显示生效"和第三个"显示内容"的指令积木，并拖拽到项目区，同时更改显示内容为"掌控Python"，如图1.11所示。

图1.11　由指令积木组成的程序

读者可以尝试显示其他内容,或者更改显示模式。不过请注意,要想掌控板的液晶屏显示内容,必须使用"显示生效"模块。

1.5.2 运行程序

点击图1.10中掌控板下方第一个"运行"按钮 ▶,液晶屏就会显示"掌控Python"。

此时切换到"教学"模式,界面中会同时显示图形化程序和代码程序,如图1.12所示。这样方便我们了解每个指令积木对应的代码。编写具体代码时,如果忘记了某些指令,也可以通过这种形式查阅对应的代码。不过,这里的代码无法修改。

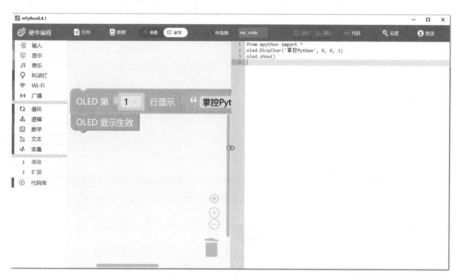

图1.12 "硬件编程"模式下有程序的教学模式

代码的具体含义会在后续章节中介绍。以上就是第1章的全部内容,简单介绍了Python的基本概念并熟悉了笔者所用mPython的软件界面。第2章将会基于Python 3.6介绍Python的基础知识。

▌练　习

练习1：使掌控板液晶屏显示图1.13所示的笑脸图案。

图1.13　使掌控板液晶屏显示笑脸图案

○ 参考答案

（1）在"显示"相关的指令积木中选择"在坐标位置显示图像"，如图1.14所示。

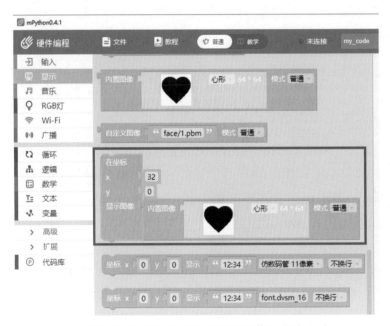

图1.14　选择"在坐标位置显示图像"指令积木

（2）点击指令积木中"形状"下拉菜单，并选择"笑脸"，如图1.15所示。

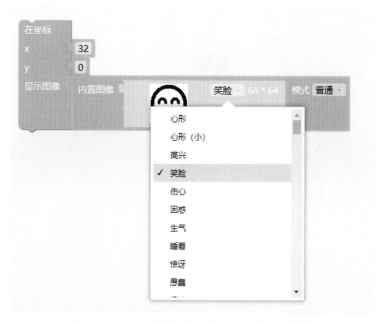

图1.15 在"形状"下拉菜单中选择"笑脸"

（3）增加一个"显示生效"的指令积木，如图1.16所示。

图1.16 增加"显示生效"的指令积木

（4）运行程序，掌控板液晶屏就会显示笑脸图案。

练习2：使掌控板液晶屏显示跳动的"心"。

○ 参考答案

（1）基于练习1的程序，点击指令积木中"形状"下拉菜单，并选择"心形"，如图1.17所示。

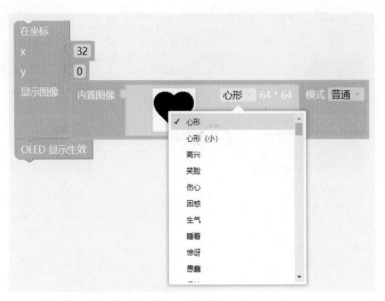

图1.17　在"形状"下拉菜单中选择"心形"

（2）在"循环"相关的指令积木中选择"等待1秒"，接到程序的下方，如图1.18所示。

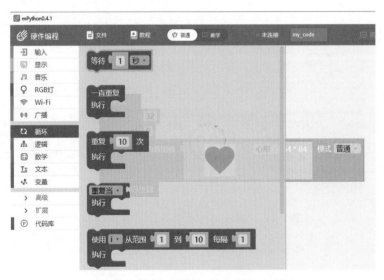

图1.18　选择"等待1秒"的指令积木

（3）再选择同样的三个指令积木接到程序下方，如图1.19所示。

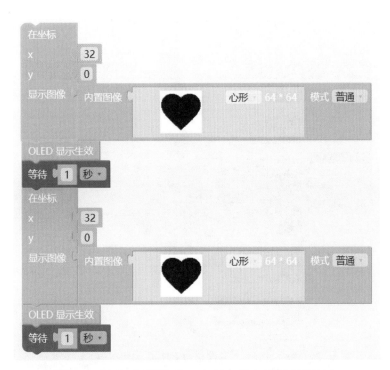

图1.19 再选择同样的三个指令积木接到程序下方

（4）将下面的"在坐标位置显示图像"指令积木中的形状改为"心形（小）"，如图1.20所示。

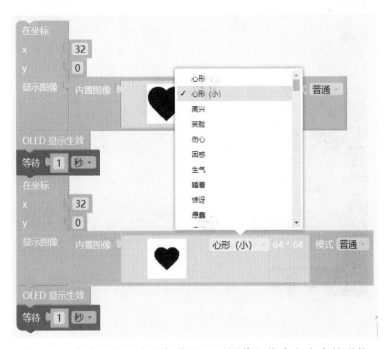

图1.20 改变下面"在坐标位置显示图像"指令积木中的形状

（5）选择"循环"相关的指令积木中的"一直重复执行"，如图1.21所示。

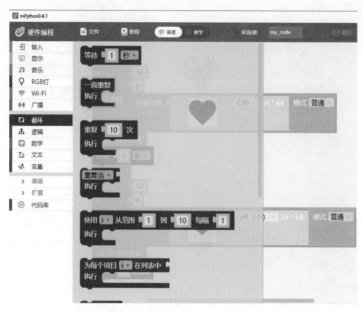

图1.21　选择"一直重复执行"的指令积木

（6）将之前的指令积木全部放入"一直重复执行"的指令积木中，如图1.22所示。

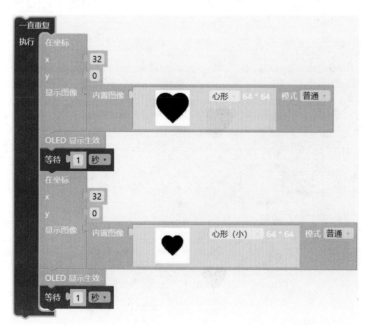

图1.22　将之前的指令积木全部放入"一直重复执行"的指令积木中

（7）运行程序，掌控板液晶屏就会显示一个不断变大变小的"心"。

第2章 Python基础

本章基于Python 3.6介绍Python编程的基础知识，因此要将mPython切换为Python 3.6模式。

2.1 Python 3.6模式

2.1.1 终 端

在Python 3.6模式下，右边的终端是可以实时交互的，只要在窗口中>>>提示符后面输入Python命令就可以马上看到输出结果。这样的操作对于一些测试来说非常有用，尤其是刚刚学习Python的时候。

前面说过Python是一种解释型程序设计语言，就是说我们写的代码在这里可以直接解释给计算机，告诉计算机要进行什么样的处理。有点像生活中的翻译，假如我们和一个外国人对话，在双方都没有学过对方语言的情况下是无法正常沟通的，这时候就需要一位翻译，将一方说的话解释给另一方。

Python 3.6模式下，翻译是实时的，我们每写一句代码，终端都会马上翻译过来并反馈执行结果。

计算是所有编程语言都会涉及的部分，Python也不例外。例如，在提示符>>>之后输入12+56，回车后你就会在下一行看到结果（68），如图2.1所示。

图2.1　在终端进行计算

2.1.2　编辑区

终端是一个测试Python的好地方，不过却不是编写程序的地方，因为我们在终端输入的任何内容都会被马上处理，并不会保存下来。因此，如果退出软件后重新启动，之前输入的所有内容都会丢失。最好将Python程序保存在一个文件中，这样在执行相同的操作时就不需要重复输入这些内容了。如果希望将输入的代码保存为文件，那就将代码写在中间的"编辑区"。可以将编辑区看成一个文本编辑窗口（本质上来讲就是，只是添加了一些代码的颜色提示）。

在编辑区输入以下两行代码：

```
print('Hello')
print('World')
```

编辑区没有提示符>>>，这是因为在这里输入的命令不会马上执行——这些内容只是存储在文件里，直到我们决定运行它们。如果你愿意，也可以使用记事本或其他文本编辑软件来编写这个程序文件。不过，在mPython编辑区，Python语言的关键字会显示为不同的颜色，这对编写程序有一定的辅助作用。上面的两行代码在编辑区中的显示效果如图2.2所示。

图2.2 在编辑区编写代码

说　明

　　在编辑区输入代码的时候，输入行的下方会出现相关的指令或关键字，如图2.3所示。

图2.3 输入代码时出现的相关内容

　　当这些内容比较多的时候，可以通过上下键选择。选中自己希望输入的指令或关键字，当只有一个唯一指令或关键字时，可以通过Tab键将代码自动补全。

　　通过这个方式能大大提高代码输入的效率和正确率。

　　接着，如果要运行程序并查看运行结果，点击图2.2中编辑区上方的"运行"按钮即可。之后就会在调试控制台看到程序运行结果：输出两个单词"Hello"和"World"，各占一行；最后显示"执行完毕"，如图2.4所示。

图2.4　在调试控制台输出运行结果

> **说　明**
>
> 　代码的内容之后会尽量使用文本的形式，而不是截图的形式。如果是要在终端输入的内容，则会在前面加上提示符>>>，而结果会出现在接下来的一行。

2.2　关键字

Python是一种很纯净的语言，只保留了34个关键字，见表2.1。这些关键字是语言的核心，编程就是通过关键字来构建整个程序的结构和逻辑。

表2.1　Python中保留的关键字

条　件	循　环	内置函数	类库与函数	错误处理
if	for	print	class	try
else	in	pass	def	except
elif	while	del	global	finally
not	break		lambda	raise
or	as		nonlocal	assert
and	continue		yield	with
is			import	
True			return	
False			from	
None				

> **说　明**
>
> 　目前没有必要理解所有关键字的功能与意义，但要知道使用关键字时要特别小心。

2.3 数 字

数字处理是编程的基础，下面介绍一些数字操作，而进行这些操作的最好地方就是终端。

2.3.1 数字计算

在终端输入以下内容：

```
>>>45 * 240 / 36 + 11
311
```

相比之前那个加法的例子（12+56 = 68），这个运算其实也不算复杂。不过，这个例子告诉我们：

· 乘法运算的符号是*

· 除法运算的符号是/

· Python执行乘除运算要先于加减法运算

如果你想让某些部分优先运算，最保险的方式就是增加一对圆括号，比如：

```
>>>47 * 240 / (36 + 11)
240
```

这里使用的数字都是整数，在程序语言中通常被称为整型数据。如果我们愿意，也可以使用小数——在程序语言中被称为浮点型数据，因为当数字表示为不同的指数形式时，小数点的位置可以根据需要浮动。

2.3.2 Python的算术运算符

在程序语言中，用于描述计算的符号被称为"运算符"。有些运算符直接使用算术运算符之类的符号，而有些运算符则使用单词。Python中用于计算的算术运算符见表2.2。

表2.2　Python中的算术运算符

运算符	说　明	示　例	示例结果
+	加法运算	3+4	7

运算符	说明	示 例	示例结果
-	减法运算	6-2	4
*	乘法运算	2*4	8
/	除法运算	9/2	4.5
//	除法取整	9//2	4
%	除法求余	9%2	1
**	幂运算	2**3	8

注意，这里有两种除法运算符，使用单斜线的除法运算符"/"会得到一个包括小数部分的结果，而使用双斜线的除法运算符"//"只会得到结果的整数部分。

我们来看看两者的差异，在终端输入以下内容：

```
>>>10/3
```

按下回车键，接着显示计算结果为3.3333333333333335。

说 明

本来，10除以3是无法整除的，计算结果应是3.33333333333333333333333…这样的无限循环小数。不过，计算机内存是有限的，不可能存储无限位数的小数，只能根据某些规则向上或向下取整。

接下来，我们试试双斜线的除法运算符：

```
>>>10//3
```

按下回车键后，小数部分被舍弃，显示计算结果为3。

2.4 变 量

上一节介绍了数字，下面我们来说说变量。

2.4.1 定义并赋值变量

变量可以理解为一个存放东西的盒子，盒子的名称就是变量名，而变量的值就是其中存放的东西。变量赋值在形式上有点像代数中用字符来代替数字，如以下命令：

```
>>>k = 9.0/5
```

这里，等号表示把一个数值赋给变量，即将某个东西放到盒子中。变量名必须在左侧，且名称中间不能有空格。变量名的长度可自行决定，甚至可以包含数字及下划线（ _ ）。不仅如此，变量名还可以使用大写字母和小写字母，这些都是变量的命名规则。除此之外，还有一些约定。约定与规则的区别是，如果你不遵守规则，Python会提示你有错误；若是你不遵守约定，那么你的程序的可读性会变差。

2.4.2 变量的命名约定

变量名通常由表示变量含义的几个单词构成。由于变量名中间不能有空格，所以这些单词是连在一起的：第一个单词的第一个字母小写，后面单词的第一个字母大写。这样的命名方法就是驼峰命名法。除此之外，还有一种命名方法，那就是以小写字母开头，各个英文单词之间用下划线分隔开。

我们可以通过表2.3给出的一些例子，让读者感受什么是规则，什么是约定。

表2.3 变量命名

变量名	是否符合规则	是否符合约定
number	是	是
Number	是	否
number_of_blocks	是	是
Number of blocks	否	否
numberOfBlocks	是	是
NumberOfBlocks	是	否
2beOrNot2be	否	否
toBeOrNot2be	是	否

坚持按照约定来命名，有利于其他Python程序员读懂你的程序，同时自己也能更好地理解自己的程序。

如果你写了一些连 Python 都不懂的语句，就会得到一个错误信息。试着输入以下代码：

```
>>>2beOrNot2be = 1
SyntaxError:invalid syntax
```

出现这个错误的原因是尝试定义的变量名是以数字开头的，这不符合规则。

回到之前的代码，输入赋值语句之后按回车键，终端好像没什么反应，接下来的一行还是以提示符 >>> 开头，表示等待输入信息。这是因为赋值语句执行的操作是将一个数值赋给变量，这个操作并没有可输出的消息。要想查看变量的值，输入 k 就可以了：

```
>>>k = 9.0/5
>>>k
1.8
```

Python 记得变量 k 的值，这表示我们可以在其他表达式中使用这个变量。试试输入以下代码：

```
>>>20 * k + 32
68.0
```

再进行运算的时候，我们直接使用变量 k，将其代入运算中，最后的结果是 68.0。这里显示为浮点数，因为 k 的值是浮点数。

2.5　程序的基本结构

Python 的运算功能我们就测试到这里了，不过程序的运行只依靠计算还不够，还要有逻辑结构。根据执行过程，程序有顺序、选择和循环三种基本结构，所有程序都可以由这三种基本结构组合而成。某些情况下要根据条件来决定执行某些代码，就需要使用选择结构来实现；某些情况下需要不断重复执行某些代码，就需要使用循环结构来实现。

2.5.1　for 循环

顺序结构很好理解，就是按照代码的顺序一步一步地执行。循环就是让

Python将一个任务执行一定次数或一直执行，而不是仅仅运行一次。在上一章的练习中用到的"一直重复执行"指令积木，实现的就是一直执行的循环。

在本节下面的例子中，需要在终端输入多行命令。当你按回车键跳到下一行的时候，会发现Python在等待。它没有马上运行你输入的命令，是因为它知道你还没有写完。Python中以字符冒号（：）结尾表示后面还有命令。

下一行的代码前有符号"..."，该符号之后需要一个缩进。Python中没有大括号，代码的层次主要靠缩进来实现。为了让这两行程序运行，需要在第2行之后按两下回车键。

```
>>>for x in range(1,10):
...    print(x)


1
2
3
4
5
6
7
8
9
>>>
```

可见，虽然我们只写了2行代码，却有9行数据输出。这段程序中用到了range函数，其功能是在一定范围内生成一段数字的列表。该函数有两个参数，参数之间用逗号隔开，表示数字范围的起始与结束。在上面的例子中，这两个参数是1和10。由于数字列表不包含结束的数字，所以输出的数字就是1到9，而不是1到10。

说　明

range函数还有第三个参数，表示生成的相邻两个数之间的差值，如

```
range(1,10,2)
```

就会得到1到9的奇数。

```
>>>for x in range(1,10,2):
...    print(x)


1

3

5

7

9

>>>
```

另外，第三个参数还可以是负数，表示生成的数字列表是从大往小排列的，此时要注意第一个参数要比第二个参数大。

```
>>>for x in range(10,1,-2):
...    print(x)
...
10

8

6

4

2

>>>
```

这段程序的另一个要点是用于循环的 for 命令（用到了关键字 for）。for 命令由两部分组成，单词 for 之后（必须）跟一个变量名，每次循环这个变量都会被赋一个新值：第一次的值是 1，第二次的值是 2，以此类推。单词 in 是和 for 配合使用的，in 之后的部分是循环中各项的列表。这里的列表就是数字 1 到 9。

print 命令同样需要一个参数，表示程序输出的内容。这里，每次循环都会打印下一个 x 的值。

2.5.2　`if`选择结构

了解for循环结构之后，我们再来看看if选择结构（用到了关键字if）。选择就是让Python判断一个条件，只有条件成立时才会执行某一段代码。选择结构涉及比较与逻辑运算，这会在下一节进行介绍，我们先简单地用True和False来表示。当Python告诉我们True或False，或者我们告诉Python条件是True或False的时候，实际上是在说"真"或"假"、"成立"或"不成立"，这种特殊的值被称为"逻辑值"。跟在if后的任何条件都会被Python转换为逻辑值（当然，也可以直接在if后面跟一个逻辑值），以决定是否执行下一行代码。

尝试输入以下代码：

```
>>>if True:
...    print("welcome")


welcome
>>>if False:
...    print("bye bye")


>>>
```

与for循环的情况类似，if之后也以冒号结束，表示后面还有代码。而代码完成后需要按两下回车键才能够执行。通过操作你会发现，第一个if后面跟着True时，会执行后面的代码并输出welcome；而第二个if后面跟的是False，所以后面的代码不会被执行。

上面的代码还能够用if...else...来完成。else表示否则，即条件成立时执行if后面的代码块，不成立时执行else后面的代码块，具体代码如下：

```
>>>if True:
...    print("welcome")
...else:
...    print("bye bye")


welcome
>>>
```

如果if后面的条件是一个变化的状态，那么当条件不成立时就会执行else中的内容。这样的结构中，同一时间只能打印两条信息中的一条。另外，if结构还有一种变化——elif（用到了关键字elif），是else if的缩写，后续会通过具体例子来说明。

2.5.3 比 较

在程序中，最直观的条件就是测试两个值是否相等。这要用到 == ，该符号被称为比较运算符。表2.4列出了不同的比较运算符。

表2.4 比较运算符

比较运算符	说 明	示 例
==	等于	a == 7
!=	不等于	a != 7
>	大于	a > 7
<	小于	a < 7
>=	大于等于	a >= 7
<=	小于等于	a <= 7

比较运算的结果是一个True或False的"逻辑值"，你可以用这些比较运算符在终端中做几个测试，如：

```
>>>7>3
True
```

这相当于我们问Python "7真的比3大吗？" Python回复 "真"。现在，让我们问问Python "7是不是比3小"：

```
>>>7 < 3
False
```

这次返回的就是False。如果将比较运算放到上述代码中，则代码如下：

```
>>>if 7 < 3:
...     print("welcome")
...else:
...     print("bye bye")


bye bye
>>>
```

由于if后面的值是False，所以最后的输出就是"bye bye"。

2.5.4 逻辑运算

逻辑值True和False除了能够表示条件是否成立之外，还能进行运算，像之前讲过的加减算术运算一样进行组合。不过，True和True相加是没有意义的，"逻辑值"的运算不是简单的加减乘除，而是"与""或""非"——对应的逻辑运算符是and、or、not。逻辑运算符及其含义见表2.5。

表2.5　逻辑运算符

逻辑运算符	说　明	示　例
and	"与"，即两个条件要同时成立	a>7 and a<10
or	"或"，即两个条件有一个成立即可	a>7 or a<3
not	"非"，即相反的逻辑值	not True

请尝试以下操作：

```
>>>True and True
True
>>>True and False
False
>>>True or False
True
>>>not True
False
>>>
```

当True和True进行"与"（and）操作时，返回结果是True。当True和False进行"或"（or）操作时，返回结果也是True。而当True和False进行"与"（and）操作时，返回结果是False。最后，not True的返回结果是False，not False的返回结果是True。

对于逻辑运算，我们通常采用真值表的形式来表示。"与"运算和"或"运算的真值表见表2.6和表2.7。

表2.6　"与"运算的真值表

条件1	条件2	结　果
True	True	True
True	False	False

续表2.6

条件1	条件2	结　果
False	True	False
False	False	False

表2.7　"或"运算的真值表

条件1	条件2	结　果
True	True	True
True	False	True
False	True	True
False	False	False

2.6　"掷骰子"程序

了解以上的内容后，本节介绍一个"掷骰子"程序的实现。

2.6.1　随机数

"掷骰子"要用到随机数的概念。由于随机数相关的模块或函数并没有包含在Python当中，所以我们需要先将它们导入之后才能使用。导入要用到关键字import，后面会讲到很多关于库的内容，现在你可以尝试一下以下程序：

```
>>>import random
>>>random.randint(1,6)
2
```

第一行是导入随机数random的模块或函数，这个操作没有可返回的显示内容，所以按回车键后直接出现了提示符>>>，等待输入。第二行使用random的randint函数生成一个随机数，该函数有两个参数，表示随机数的范围：骰子有6个面，以点数来表示6个数，所以这里随机数的范围是1到6。

上述代码中生成的随机数是2，将第二行多输入几次就会看到，你能够获得1到6中不同的随机数。

2.6.2 "重复掷骰子"

下面，我们写一个模拟掷10次骰子的程序。为了避免重复输入代码，我们将这些内容写在编辑区。完成后的代码如下：

```
print('Hello')
print('World')

import random
for x in range(1,11):
  randomNumber = random.randint(1,6)
  print(randomNumber)
```

range函数不会取参数中最大的值，要想循环10次，参数就要取1和11，或者0到10。

代码完成后的编辑区如图2.5所示。

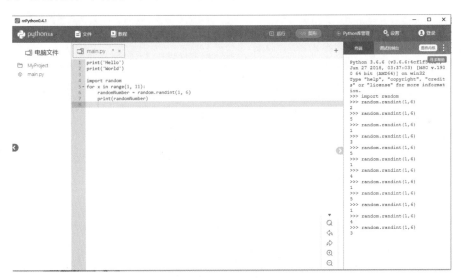

图2.5 "重复掷骰子" 程序，右侧为之前尝试的随机数输出

代码完成后点击 "运行" 按钮，调试控制台便会显示结果，如图2.6所示。

图2.6　调试控制台输出程序结果

2.6.3　"掷两个骰子"

为了增加一些变化，我们再增加一个"骰子"，每次输出的信息是两个随机数之和。为此，新建了一个变量total，用来存放两次"掷骰子"的值，代码如下：

```
print('Hello')
print('World')

import random
for x in range(0,10):
  randomNumber1 = random.randint(1,6)
  randomNumber2 = random.randint(1,6)
  total = randomNumber1 + randomNumber2
  print(total)
```

掷出两个相同的"骰子"数的概率较低，但我们希望程序能提示，这就要用到if选择结构，即当两个随机数一样的时候，输出"double"信息。

对应的代码如下：

```
print('Hello')
print('World')

import random
for x in range(0,10):
  randomNumber1 = random.randint(1,6)
```

```
randomNumber2 = random.randint(1,6)
if randomNumber1 == randomNumber2:
  print("double")
total = randomNumber1 + randomNumber2
print(total)
```

这里用if选择结构判断randomNumber1和randomNumber2这两个值，如果两个值相等，则执行之后的print函数，输出"double"信息；如果两个值不相等，则不会输出"double"信息。代码执行效果如下：

```
Hello
World
9
10
8
4
7
6
7
11
4
double
8

执行完毕
```

2.6.4 大小判断

判断两个"骰子"掷出的随机数是否一样后，再将两个随机数不一样时的数据和进行大致的划分。我们要实现的功能是，如果两个数的和大于8，那么输出"big"；如果两个数的和小于等于8，但大于4，那么输出"not bad"；如果两个数的和小于等于4，那么输出"small"。

这里要注意，所有这些判断都基于两个数不一样的情况。对应的代码如下：

```
print('Hello')
print('World')

import random
for x in range(0,10):
  randomNumber1 = random.randint(1,6)
```

```
randomNumber2 = random.randint(1,6)

total = randomNumber1 + randomNumber2
print(total)

#首先判断两个数是否一样
if randomNumber1 == randomNumber2:
  print("double")
else:
  #如果不一样，再判断两数之和的大小
  if total > 8:
    print("big")
  elif total > 4 and total <= 8:
    print("not bad")
  else:
    print("small")
```

这段代码中有几行是以#开头的，表明这几行不属于代码——它们是程序的注释，Python会直接忽视以#开头的代码行。注释不影响程序的正常运行，但这样的额外内容能够提高程序的可读性。在Python中，单行注释用#开头，可以自成一行或在代码后面通过#加上注释内容；多行注释在首尾处用成对的三个引号引用即可，可以是成对的三个单引号，也可以是成对的三个双引号。

另外，这段代码中还用到了elif，通过elif实现了一个三分支的选择结构。elif是else if的缩写，它的后面也需要跟一个条件，只有不满足第一个条件并满足第二个条件的情况才会执行其中的内容。所以，上述判断也可以写成以下形式：

```
#如果不一样，再判断两数之和的大小
if total > 8:
  print("big")
elif total > 4:
  print("not bad")
else:
  print("small")
```

不过，程序通常还是会按照完成的判断条件来写。最后，else中的内容是在第一个条件和第二个条件都不满足的情况下才会执行。

至此，"掷骰子"程序就算完成了。需要说明的是，在if选择结构中可以添加多个elif，构成更多分支的选择结构，如果读者感兴趣可以自己尝试一下。

另一种循环命令是while（用到了关键字while），与for循环稍有不同。while命令和if命令一样，都要紧跟着一个条件，让循环持续执行。换句话说，只要条件为"真"，循环内的代码就会不断地重复执行。这意味着我们要小心设定条件，保证在某些情况下条件不成立；否则，这个循环就会永无止境地运行下去了。

为了说明如何使用while，我们继续更改"掷骰子"的程序。这次不会限定"掷骰子"的次数，而是要等到掷出一对数字6的时候停止。

```
print('Hello')
print('World')

import random

randomNumber1 = 0
randomNumber2 = 0
while not(randomNumber1 == 6 and randomNumber2 == 6):
  randomNumber1 = random.randint(1,6)
  randomNumber2 = random.randint(1,6)

  total = randomNumber1 + randomNumber2
  print(total)

  #首先判断两个数是否一样
  if randomNumber1 == randomNumber2:
    print("double")
  else:
    #如果不一样，再判断两数之和的大小
    if total > 8:
      print("big")
    elif total > 4:
      print("not bad")
    else:
      print("small")
```

修改的主要位置就是循环部分，将原来的for循环变为while，条件就是没有掷出一对数字6的情况。

对于while循环，还有一种停止的方式，就是使用关键字break跳出循环，此时while循环的条件就可以是True了。修改后的代码如下：

```python
print('Hello')
print('World')

import random

while True:
  randomNumber1 = random.randint(1,6)
  randomNumber2 = random.randint(1,6)

  total = randomNumber1 + randomNumber2
  print(total)

  #首先判断两个数是否一样
  if randomNumber1 == randomNumber2:
    print("double")
    if randomNumber1 == 6:
      break
  else:
    #如果不一样，再判断两数之和的大小
    if total > 8:
      print("big")
    elif total > 4:
      print("not bad")
    else:
      print("small")
```

这个循环的条件被永久设定为"真"，所以循环会一直重复，直到遇到break——只有等到掷出一对数字6的时候才会发生。根据上述两个变化会发现，使用break实际上要比修改while循环的条件更简单，因为修改条件时必须考虑所有停止循环的条件，而使用break则要灵活得多。

说　明

　　如果你的程序不小心变成了无法退出循环的状态，可以点击编辑区上方的"停止"按钮（就是"运行"按钮的位置），停止程序运行。

▌练　习

　　尝试完成"掷三个骰子"程序：每次分别输出各"骰子"的值，同时判断三个值是否相等，相等则显示"you win"信息。

○ 参考答案

```
import random
randomNumber1 = random.randint(1,6)
randomNumber2 = random.randint(1,6)
randomNumber3 = random.randint(1,6)
print(randomNumber1)
print(randomNumber2)
print(randomNumber3)
if randomNumber1 == randomNumber2 and randomNumber1 == randomNumber3:
    print("you win")
```

　　这里没有使用循环，不过用到了逻辑运算符and，即当第一个数等于第二个数，且第一个数也等于第三个数的时候，这三个数相等。

　　运行程序，出现三个数相等的时候，运行结果如图2.7所示。

图2.7　运行程序出现三个数相等的时候

> **说　明**
>
> 　　三个数相等相对于两个数相等的概率低得多，所以程序可能需要运行很多次。

第3章 字符串、列表和字典

了解Python的基础知识后，本章会带你先认识常用的数据形式，然后利用所学知识完成一个简单的猜词游戏：玩家通过询问单词中是否包含指定的字母来猜词。最后，本章的结尾部分还列出了数学、字符串、列表和字典方面的实用内置函数。

3.1 字符串

3.1.1 字符串的定义

在程序中，字符串（String）是一串字母的组合，上一章通过print函数输出的信息都属于字符串。在Python中，想用变量来保存一个字符串，使用等号（＝）赋值就可以了。不过与赋值数字变量不同的是，赋值字符串变量时要给字符串加引号，就像这样：

```
>>>bookName = "My mPython"
```

要想看到变量的内容，可以直接在终端输入变量名，也可以像我们处理数字变量时那样使用print函数：

```
>>>bookName
'My mPython'
>>>print(bookName)
My mPython
```

这两种方法输出的结果有一些细微差别：如果只是输入变量名，Python会在输出结果两端加上单引号，表明输出结果是一段字符串；如果使用print函数，Python只输出对应的内容。

注意：定义字符串的时候也可以直接使用单引号。不过，假如字符串当中本来就含有单引号，那么定义字符串的时候就只能使用双引号了。

3.1.2 字符串的操作

字符串可以看作一串字母的组合，使用len函数可以得到字符串的长度。例如，可以通过下述命令知道字符串中有多少个字符：

```
>>>len(bookName)
10
```

在字符串中，每一个字符都有自己的位置，字符串变量bookName可以理解为表3.1的形式。

表3.1 字符串变量

位 置	0	1	2	3	4	5	6	7	8	9
字 符	M	y		m	P	y	t	h	o	n

通过下述命令就能知道特定位置是什么字符：

```
>>>bookName[3]
'm'
```

这里需要强调两点：首先，数组中的参数要使用方括号，而不是圆括号；其次，位置是从0开始的，而不是从1开始。所以，如果你想知道字符串的第一个字母，则要输入以下命令：

```
>>>bookName[0]
'M'
```

如果输入的数字过大，超过了字符串的长度，可能会看到以下信息：

```
>>>bookName[33]

Traceback(most recent call last):
  File"<pyshell#45>",line 1,in<module>
    bookName[33]
IndexError:string index out of range
>>>
```

这是一个错误信息，Python告诉我们出了一些问题。最好仔细阅读这些提示信息，以便解决问题。这里，"string index out of range"表示字符串的索引值超出了字符串的长度。

还可以截取一个字符串中的一部分，如：

```
>>>bookName[0:2]
'My'
```

方括号内的第一个数字是截取字符串的起始位置，第二个数字并不像你想象的那样代表结尾位置，而是结尾位置加1。

下面尝试把"mPython"这个词从字符串中读取出来。如果不指定括号中的第二个数字，则默认是字符串的结尾。

```
>>>bookName[3:]
'mPython'
```

同样地，如果不指定第一个数字，则默认是0。

3.1.3　字符串的连接

字符串可以用算术运算符加号（+）连在一起，如：

```
>>>bookName+":掌控Python"
'My mPython:掌控Python'
```

这里输出的就是两个字符串连接之后的结果。

3.1.4　转义字符

使用print函数时，会用到一些具有特殊功能的字符。这些字符并不会直接显示，而是按照定义转换成不同的形式，它们被称为"转义字符"。主要的转义字符见表3.2。

表3.2　主要的转义字符

字　符	说　明
\	忽略\后的换行符（针对需要换行的连续代码）
\\	显示符号\
\'	显示单引号
\"	显示双引号
\a	响　铃
\b	退　格
\f	分页符（无法在命令提示符下正确显示）
\n	换　行
\r	回　车
\v	垂直制表（无法在命令提示符下正确显示）

字 符	说 明
\N{name}	Unicode数据库（database）中名为name的字符
\uxxxx	对应16位xxxx（十六进制）的Unicode字符
\Uxxxxxxxx	对应32位xxxxxxxx（十六进制）的Unicode字符

最常用的转义字符就是表示换行的\n。比如，在字符串中输入3次\n，那么输出的时候就会出现3次换行：

```
>>>print(bookName + "\n\n\n" + "掌控Python")
My mPython


掌控Python
>>>
```

注意，上面的代码中"My mPython"与"掌控Python"之间空了两行。第一个\n对应的是"My mPython"这一行，而第二个和第三个\n对应的是两个空行。

3.2 列 表

3.2.1 列表的定义

列表可以看成许多变量的排列。这里的变量值可以是数字，也可以是字符串，甚至可以是另外一个列表。上一节中的字符串也可以理解成字符列表。下面的例子会告诉我们如何创建一个列表。注意，列表也可以使用len函数。

```
>>>numbers = [123,34,56,321,21]
>>>len(numbers)
5
```

定义列表的时候如果有方括号，那么表示具体的某一个列表中的变量时也要使用方括号，就像用方括号表示字符串中某个位置的字符一样。和字符串操作类似，我们也可以从一个较大的列表中截取一小部分：

```
>>>numbers[0]
```

```
123
>>>numbers[1:3]
[34,56]
```

另外，还可以使用等号（=）来给列表中的某一项赋新值，如：

```
>>>numbers[0] = 1
>>>numbers
[1,34,56,321,21]
```

这样就把列表中的第一个项（0项）从123变成了1。

与处理字符串类似，也可以用加号（+）把列表组合起来：

```
>>>moreNumbers = [78,9,81]
>>>numbers + moreNumbers
[1,34,56,321,21,78,9,81]
```

3.2.2　列表的方法

对于Python这样的面向对象的编程语言，列表也是一个对象，这个对象本身就有一些方法——其实就是对象的一些函数。在Python中，字符串也是一个对象。

想要将列表排序时，可以使用方法sort，操作如下：

```
>>>numbers.sort()
>>>numbers
[1,21,34,56,321]
```

想要从列表中移除一项时，可以使用pop方法，代码如下。如果不指定pop中的参数，代码会只移除列表中的最后一项，同时返回它。

```
>>>numbers
[1,21,34,56,321]
>>>numbers.pop()
321
>>>numbers
[1,21,34,56]
```

如果指定一个pop中的参数，那么这个位置的内容就会被移除，举例说明：

```
>>>numbers
[1,21,34,56]
```

```
>>>numbers.pop(1)
21
>>>numbers
[1,34,56]
```

同样，也能使用insert函数在列表的指定位置插入某一项。insert函数
有两个参数，第一个参数是插入的位置，而第二个参数是插入的内容。

```
>>>numbers
[1,34,56]
>>>numbers.insert(1,90)
>>>numbers
[1,90,34,56]
```

列表可以被写成非常复杂的结构，可以包含其他列表，也可以混合不同的
数据类型——数字、字符串以及逻辑值。以下面的列表为例：

```
>>>complexList = [123,'hello',['otherList',3,True]]
>>>complexList
[123,'hello',['otherList',3,True]]
```

这个列表中的第一项是一个数字，第二项是一个字符串，而第三项是另一个复
杂的列表。如果你想指定第三项中的某一项内容，可以采用操作二维数组的方
式，如下：

```
>>>complexList[2][2]
True
```

这里指定了列表complexList中第三项（从0开始计算，所以方括号中是数字
2）中的第三项，即最后的那个"逻辑值"。

3.3　自定义函数

截至目前，我们写的程序功能都比较单一，暂未进行规范，因为它们实现的
功能都非常容易理解。不过随着程序功能越来越复杂，有必要将其分割成一个个
被称为"函数"的单元。再进一步，还可以通过类和模块将程序结构化。

之前用到的range和print其实是Python的内建函数。程序开发中最大的
问题就是复杂性管理。优秀程序员编写的程序都有很强的可读性，易于理解，

不需要太多的解释，基本一看就懂。函数就是创建简单易懂程序的关键，它能够在避免整个程序陷入混乱的前提下轻易完成程序的修改。

函数可以看成一段执行固定功能的程序的集合。一个声明的函数能够在程序中的任何地方调用。函数执行完成后，程序回到调用函数的位置继续往后执行。

例如，我们创建一个函数，其功能是接收一个字符串作为参数，然后在字符串的最后加上"please"。新建一个文件并输入以下内容，然后运行程序，看看会发生什么：

```
#定义函数
def addWord(sentence):
  newString = sentence + 'please'
  return newString

print(addWord('Seat down'))
```

函数以关键词def开头，后面跟着函数名，就像之前的变量名。之后的圆括号里是参数，如果参数有多个，则要用逗号隔开。第一行必须以冒号结尾。

第二行有一个缩进，表示在函数内部。这里使用一个名为newString的新变量来保存传入的字符串以及后面添加的"please"（注意，"please"前面还有一个空格），该变量只能被用于函数内部。

函数的最后一行是return命令，指定了函数被调用时的返回值。它就像三角函数，如sin，输入一个角度之后便会返回一个数字。在这里，返回的就是变量newString的值。

要调用这个函数，使用函数的名字并提供合适的参数即可。函数的返回值不是必需的，因为有些函数的用途只是执行一些操作，而不是为了反馈什么。例如，我们可以写一个没什么实际价值的函数，它的功能就是按指定次数反复打印"Hello"：

```
def say_hello(n):
  for x in range(0,n):
    print('Hello')

say_hello(5)
```

如果能理解以上两段程序，那么说明你已经能够编写函数了。没那么复杂吧？

3.4 猜词游戏

3.4.1 游戏规则

游戏开始的时候，程序先选择一个单词，然后对应单词的字母数画几条短线，由玩家来猜这个词。玩家每次只能猜一个字母，如果猜的字母不包含在单词里，就算失误一次；如果猜的字母包含在单词中，则需要把猜到的字母写在对应的短线上。之后，玩家再猜下一个字母，直到猜对单词或失误次数达到最大值，游戏结束。

3.4.2 创建单词库

首先肯定是新建一个文件，然后在文件中建立一个单词的列表供程序选择。这是一项建立字符串列表的工作：

```
words = ['chicken','dog','cat','mouse','frog']
```

然后，创建一个函数来随机选择一个单词，代码如下：

```
import random

words = ['chicken','dog','cat','mouse','frog']
def pickWord():
  return random.choice(words)

print(pickWord())
```

多运行几次该程序，看是否能选择列表里的不同单词。random模块中的choice函数能随机选出列表中的某一项。

3.4.3 游戏结构

完成单词库之后，接下来完善游戏的结构。

由于玩家猜单词是有次数限制的，所以先定义一个新变量guessTimes。这是一个整型变量，我们可以先设定猜14次，每猜错一次变量guessTimes就会减1。这种变量被称为全局变量，我们在程序的任何地方都可以使用它。

有了新变量，还需要一个名为play的函数来控制游戏。根据游戏规则，我们知道play是做什么的，只是暂时无法具体到细节。因此，写play函数时可以先把一些需要用到的函数写出来，如getGuess和processGuess，就像刚刚写的pickWord函数一样，内容如下：

```python
def play():
  word = pickWord()
  while True:
    guess = getGuess(word)
    if processGuess(guess,word):
      print('You win!')
      break
    if guessTimes == 0:
      print('Game over!')
      print('The word was:'+word)
      break
```

猜词游戏先进行选词操作。然后是一个无限循环，直到单词被猜出（processGuess返回True）或guessTimes减小到0。每次循环，游戏都会让玩家猜一次。

目前这个程序还不能运行，因为函数getGuess和processGuess还没有实现。但是，我们可以先写一点简单的内容，让play函数先运行起来。这些简单的功能可能会有一些输出的或反馈的信息。笔者编写的内容如下：

```python
def getGuess(word):
  return 'a'
def processGuess(guess,word):
  global guessTimes
  guessTimes = guessTimes - 1
  return False
```

getGuess中的内容是模拟玩家一直猜字母a，而processGuess中的内容是一直假设玩家猜错，这样guessTimes就会减1，然后返回False，这也意味着玩家没猜对。

processGuess中的内容有些复杂，第1行告诉Python：guessTimes是一个全局变量。如果没有这一行，Python会认为它是一个函数里的内部新变量。然后，在函数中将guessTimes减1，返回Fales，表示玩家没猜对。最后，判定玩家是否猜中了单词。

完成后的代码如下：

```
import random

words = ['chicken','dog','cat','mouse','frog']
guessTimes = 14

def pickWord():
  return random.choice(words)

def play():
  word = pickWord()
  while True:
    guess = getGuess(word)
    if processGuess(guess,word):
      print('You win!')
      break
    if guessTimes == 0:
      print('Game over!')
      print('The word was:'+word)
      break

def getGuess(word):
  return 'a'

def processGuess(guess,word):
  global guessTimes
  guessTimes = guessTimes - 1
  return False

play()
```

如果运行程序，得到的结果应该是下面这样的：

```
Game over!
The word was:chicken
```

执行完毕

14次猜词的机会很快被用掉了，所以Python会告诉我们游戏结束了，同时输出正确的答案。

3.4.4 完善函数

现在我们要做的是尽快完善这个程序，用实际函数替换之前的简单内容。我们还是从getGuess开始，这个函数要求我们输入一个所猜的字母，然后将这个字母反馈给其他函数使用。另外，我们希望在这个函数开始的时候显示当前的猜词情况，并提示我们还有几次猜词的机会。完成后的内容如下：

```
def getGuess(word):
    printWordWithBlanks(word)
    print('Guess Times Remaining:' + str(guessTimes))
    guess = input('Guess a letter?')
    return guess
```

在getGuess函数中，首先要做的是用函数printWordWithBlanks告诉玩家当前猜词的状态（如"c--c--n"），这是另一个我们要完善的程序。然后，告诉玩家还有几次猜词机会。注意，因为我们希望在字符串"Guess Times Remaining："之后显示数字（guessTimes），所以这里用str函数将数字变量转换为字符串类型。

函数input会把参数作为提示信息输出显示，然后返回用户输入的内容。

最后，getGuess函数会返回用户输入的内容。

而现在，printWordWithBlanks函数只是提示我们之后还要输入一些内容：

```
def printWordWithBlanks(word):
    print('not done yet')
```

此时运行程序，得到的结果如下：

```
not done yet
Guess Times Remaining:14
    Guess a letter?c
not done yet
Guess Times Remaining:13
    Guess a letter?x
not done yet
Guess Times Remaining:12
    Guess a letter?h
not done yet
```

```
Guess Times Remaining:11
   Guess a letter?a
not done yet
Guess Times Remaining:10
   Guess a letter?
```

不断猜测，你会看到猜词的次数不断减少，直到机会用完后出现游戏结束的信息。

接下来，我们完成正确的printWordWithBlanks函数。这个函数要按"c--c--n"的形式显示，所以它需要知道哪些字母是玩家猜出来的，哪些不是。实现这个功能需要一个新的全局变量（这次是字符串类型的），用于保存所有猜到的字母。每次字符被猜到之后，就要添加到这个字符串当中：

```
guessedLetters = ""
```

下面是printWordWithBlanks函数：

```
def printWordWithBlanks(word):
  displayWord = ""
  for letter in word:
    if guessedLetters.find(letter) > -1:
      #letter found
      displayWord = displayWord + letter
    else:
      #letter not found
      displayWord = displayWord + '-'
  print(displayWord)
```

这个函数一开始便定义了一个空的字符串，然后一步步地检查单词中的每个字母。如果这个字母是玩家已经猜到的字母，就把相应的字母添加到displayWord变量中；否则，就添加一个连字符（-）。内部函数find用来检查字母是否在guessedLetters当中：如果字母不在其中，则find函数返回-1；否则，返回字母的位置。我们真正关心的是字母是否存在，所以只需要检查结果是否为-1。

到目前为止，每次processGuess被调用时都不会发生什么。下面稍做改动，让它把猜过的字符放到guessedletters当中，修改后的内容如下：

```
def processGuess(guess,word):
  global guessTimes
```

```
global guessedLetters
guessTimes = guessTimes - 1
guessedLetters = guessedLetters + guess
return False
```

此时运行程序，得到的结果如下：

```
---
Guess Times Remaining:14
  Guess a letter?c
c--
Guess Times Remaining:13
  Guess a letter?a
ca-
Guess Times Remaining:12
  Guess a letter?
```

程序开始通过符号"-"告诉我们Python选中的单词有几个字母，同时告诉我们还有多少次猜词的机会，然后等待玩家输入猜词的字母。对应的提示中会显示猜中的字母，而没有猜中的字母依然显示为符号"-"。

现在这个游戏看起来有点像样了。不过，processGuess函数还需要完善。以目前的程序继续玩下去，就算我们猜对了所有字母，游戏依然没有结束，猜词的次数还是会一次一次减少，最后的结果依然是次数为零、游戏结束。所以，processGuess函数中需要添加判断玩家猜对了单词的对应代码，修改后如下：

```
def processGuess(guess,word):
  global guessTimes
  global guessedLetters
  guessTimes = guessTimes - 1
  guessedLetters = guessedLetters + guess

  for letter in word:
    if guessedLetters.find(letter) == -1:
      return False
  return True
```

对比之前的函数代码会发现，修改的就是最后返回False的部分。之前是不管前面执行的结果如何都返回False，而现在会判断一下：用for循环判断Python选中的单词中每一个字母是不是都出现在猜单词变量guessedLetters

中。注意，这里没有判断整个单词是否与某个单词一致，只是判断所包含的字母，因为所选单词中每个字母都猜到，实际上也意味着猜出了这个单词。此时函数返回True，游戏提示玩家胜利，游戏结束。

至此，整个猜词游戏就完成了。方便起见，这里列出整体代码：

```python
import random

words = ['chicken','dog','cat','mouse','frog']
guessTimes = 14
guessedLetters = ""

def pickWord():
  return random.choice(words)

def play():
  word = pickWord()
  while True:
    guess = getGuess(word)
    if processGuess(guess,word):
      print('You win!')
      break
    if guessTimes == 0:
      print('Game over!')
      print('The word was:'+word)
      break

def getGuess(word):
  printWordWithBlanks(word)
  print('Guess Times Remaining:' + str(guessTimes))
  guess = input('Guess a letter?')
  return guess

def processGuess(guess,word):
  global guessTimes
  global guessedLetters
  guessTimes = guessTimes - 1
  guessedLetters = guessedLetters + guess

  for letter in word:
   if guessedLetters.find(letter) == -1:
     return False
  return True
```

```
def printWordWithBlanks(word):
  displayWord = ""
  for letter in word:
    if guessedLetters.find(letter) > -1:
      #letter found
      displayWord = displayWord + letter
    else:
      #letter not found
      displayWord = displayWord + '-'
  print(displayWord)

play()
```

游戏运行时显示内容应该是图3.1所示的形式。

图3.1　猜词游戏运行时显示的内容

这个游戏还有一些局限性，那就是它会区分大小写字母，所以你需要输入小写字符，就像word数组中保存的单词。作为练习，你可以尝试自己解决这些问题。

提　示

对于大小写字母的问题，可以试试内部函数lower。

3.5 字 典

最开始，想访问数据时，列表是个很好的选择。不过，如果有大量的数据需要查询（如寻找一个特定的条目），这种方法就会变得缓慢且低效。这有点像在一本没有索引或目录的书中找一个片段，你可能需要阅读整本书。

Python提供一种被称为"字典"的数据结构。当你想直接找到感兴趣的内容时，字典提供了一种更有效的数据结构访问方式。字典是一种通过"键"（名字或关键字）引用的数据结构，键可以是数字、字符串。这种结构类型也被称为映射。使用字典时，为想找的值设定一个关键字。这样，每当你想找这个值的时候，用这个关键字查询就可以了。这有点像变量名和变量值的关系。不过，字典中有所不同的是，关键字和对应的值只有在程序运行时才会被创建。

字典中每个元素的键与值用冒号分隔，元素之间用逗号分隔，整个字典包括在大括号中。看看下面这个例子：

```
>>>score = {'Penny':70,'Amy':60,'Nille':80}
>>>score['Penny']
70
>>>score['Penny'] = 50
>>>score
{'Amy':60,'Nille':80,'Penny':50}
>>>
```

这个例子记录了当前每个人的分数。这里，人名和分数相关联，想检索其中一个人的分数时，在方括号中使用这个名字就可以了。注意，这里与列表不同，列表中使用的是数字。我们可以使用相同的语法来修改其中的值。

你可能注意到了，当字典被打印的时候，其中的内容不是按照定义时的顺序排列的。还要注意，虽然我们用字符串作为关键字，用数字作为对应的值，但是关键字可以是字符串、数字或元组（见下一节），而对应的值也可以是任何内容，包括列表或另一个字典。

3.6 元 组

3.6.1 元组的定义

乍一看，元组很像列表，不过没有方括号。定义和使用元组的形式如下：

```
>>>tuple = 1,2,3
>>>tuple
(1,2,3)
>>>tuple[0]
1
```

但是，如果我们试着改变元组中的元素，则会得到一个错误信息：

```
>>>tuple[0] = 6
Traceback(most recent call last):
  File"<stdin>",line 1,in<module>
TypeError:'tuple'object does not support item assignment
```

出现错误信息的原因是元组不可修改。那么，通常什么情况下需要使用元组呢？其实，元组提供了一个很有效的临时集合创建方式。Python允许使用元组进行一些巧妙的操作，具体请参阅以下两小节的内容。

说　明

创建元组时还可以加上一对括号，例如：

```
tuple = (1,2,3)
```

3.6.2 多重赋值

给变量赋值只能用等号（＝），如：

```
a = 1
```

Python允许在同一行完成多个赋值，如：

```
>>>a,b,c = 1,2,3
>>>a
```

```
1
>>>b
2
>>>c
3
```

3.6.3 多返回值

在函数中，有时需要一次返回多个值。举例来说，设想一个函数在获取一个数字的列表之后，要返回列表中的最大值和最小值，则示例如下：

```
def stats(numbers):
  numbers.sort()
  return(numbers[0],numbers[-1])


list = [5,45,12,1,78]
min,max = stats(list)
print(min)
print(max)
```

用这个方法寻找最大值和最小值并不是很有效。我们可以把列表排序之后获取第一个数字和最后一个数字。注意numbers[-1]返回的是最后一个数，因为当你给数组或字符串提供一个负数进行索引的时候，Python会从列表或字符串的最后往前数。因此，位置-1对应最后一个元素，而-2对应倒数第2个元素，以此类推。

3.7 异 常

Python使用异常来标注程序中出错的地方。程序运行时难免会出现错误，如访问一个超过列表或字符串允许范围的元素时：

```
>>>list = [1,2,3,4]
>>>list[4]
Traceback(most recent call last):
  File"<stdin>",line 1,in<module>
IndexError:list index out of range
```

这个问题我们之前见过，这样的提示信息能够帮助我们快速定位问题。同时，Python提供了错误拦截机制，允许我们用自己的方式处理。形式如下：

```
try:
  list = [1,2,3,4]
  list[4]
except IndexError:
  print('something wrong! ')
```

将列表操作放在try结构中，如果程序没有问题，它会正常运行；如果程序有问题，则会跳到except IndexError部分。在这里，我们可以按照编写的程序来处理错误信息，如上面的程序会输出"something wrong！"信息。尝试分别正确和错误操作列表，对应的输出如下：

```
>>>list = [1,2,3,4]
>>>try:
... list[3]
...except IndexError:
... print('something wrong!')


4
>>>try:
... list[4]
...except IndexError:
... print('something wrong!')


something wrong!
>>>
```

下一章会继续介绍异常的内容，希望你能学到各种错误捕获机制。

3.8　生成器与迭代器

Python中还有一些更强大的功能，如生成器和迭代器，先说一说迭代器。

迭代器（Iterator）是一个可以记住遍历位置的对象。迭代器对象从集合的第一个元素开始访问，直到所有的元素被访问完为止。迭代器只能前进，不会后退。字符串、列表或元组对象都可用于创建迭代器。迭代器有两个基本的方法：创建迭代器对象的iter()方法和访问迭代器中下一个元素的next()方法。举例如下：

```
>>>a = [1,2,3,4,5]
>>>b = iter(a)
>>>type(b)
<class'list_iterator'>
>>>next(b)
1
>>>next(b)
2
>>>next(b)
3
>>>
```

迭代器对象可以使用常规for语句进行遍历：

```
>>>b = iter(a)
>>>for x in b:
  print(x)


1
2
3
4
5
>>>
```

由于迭代器只能前进，不会后退，因此在正确范围内使用next()方法会返回期待的数据，超出范围则会抛出StopIteration错误提示且停止迭代。

```
>>>b = iter(a)
>>>while True:
  try:
    print(next(b))
  except StopIteration:
    break


1
2
```

```
3
4
5
>>>
```

生成器是一个返回迭代器的函数。通过生成器能够生成一个值的序列，以便在迭代器中使用。使用生成器的主要好处是能够节约存储空间或创建一个有规律的无限大的列表。例如，我们以定义列表的形式创建一个列表，那么受内存限制，列表容量肯定是有限的；而创建一个有限但很大的列表（如1万个元素），则会占用很大的存储空间，尤其是仅仅需要访问前面几个元素时，后面绝大多数元素占用的空间都白白浪费了。

针对列表元素可以按照某种算法推算出来的情况，我们可以利用公式通过循环推算出相应位置的元素，这样就不必浪费空间创建一个完整的列表了。

在Python中，使用关键字yield定义的函数就被称为生成器。例如，使用yield实现斐波那契数列的代码如下：

```python
def fibonacci(n):#生成器函数
  a,b,counter = 0,1,0
  while True:
    if(counter > n):
      return
    yield a
    a,b = b,a + b
    counter += 1


f = fibonacci(10)

while True:
  try:
    print(next(f))
  except StopIteration:
    break
```

yield是一个类似于return的关键字。在调用生成器运行的过程中，遇到yield时就返回yield后面的值。而且下一次迭代的时候，从上一次迭代遇到的yield后面的代码开始执行。上段代码的运行结果如下：

```
0
1
1
2
3
5
8
13
21
34
55
>>>
```

3.9 函数与方法汇总

笔者希望通过本章能让大家尽可能快地了解Python的重要特性，所以根据需要做了一些取舍。本节对前面涉及的函数及方法进行了汇总，供大家编程时参考。

3.9.1 数　学

表3.3展示了使用数字时的一些数学函数。

表3.3　数学函数

函　数	描　述	示　例
abs(x)	返回绝对值（去掉-号）	>>>abs(-12.3) 12.3
bin(x)	转换为二进制	>>>bin(23) '0b10111'
complex(r,i)	用实数和虚数创建一个复数，用在科学和工程中	>>>complex(2,3) (2+3j)
hex(x)	转换为十六进制	>>>hex(255) '0xff'
oct(x)	转换为八进制	>>>oct(9) '0o11'
round(x,n)	将x约到n位小数	>>>round(1.111111,2) 1.11

函　数	描　述	示　例
math.log(x)	自然对数	>>>math.log(10) 2.302585092994046
math.pow(x,y)	x的y次幂（或者使用x**y）	>>>math.pow(2,8) 256.0
math.sqrt(x)	平方根	>>>math.sqrt(16) 4.0
math.sin,cos,tan, asin,acos,atan	三角函数	>>>math.sin(math.pi/2) 1.0

3.9.2　字符串

字符串一般被单引号或双引号包裹着。如果字符串本身就含有单引号，那就要使用双引号，如：

```
s = "Its 6 o'clock"
```

表3.4展示了使用字符串的一些方法。

表3.4　字符串使用方法

函　数	描　述	示　例
s.capitalize()	首字母大写，其余字母小写	>>>'aBc'.capitalize() 'Abc'
s.center(width)	用空格填充字符串，使其在指定宽度内居中。包含一个可选的额外参数，用来指定填充的字符	>>>'abc'.center(10,'-') '---abc----'
s.endswith(str)	如果字符串结尾相等，则返回Ture	>>>'abcdef'.endswith('def') True
s.find(str)	返回参数字符串的位置。包含一个可选的额外参数，用来指定起始位置和结束位置，限制搜索范围	>>>'abcdef'.find('de') 3
s.format(args)	使用有||标记的模块格式化字符串	>>>"Its{0}pm".format('12') "Its 12 pm"
s.isalnum()	如果字符串中所有的字符都是字母或数字，就返回True	>>>'123abc'.isalnum() True
s.isalpha()	如果所有的字符都是按字母表排序的，就返回True	>>>'123abc'.isalpha() False

函　　数	描　　述	示　　例
s.isspace()	如果字符是空格、制表符或其他空白字符，就返回True	>>>'\t'.isspace() True
s.ljust(width)	与center()类似，只是字符串位置左对齐	>>>'abc'.ljust(10,'-') 'abc-------'
s.lower()	将字符串转换成小写	>>>'AbCdE'.lower() 'abcde'
s.replace(old,new)	将字符串中的old全部替换成new	>>>'hello world'.replace ('world','there') 'hello there'
s.split()	返回字符串中所有单词的列表，单词之间以空格分隔。包含一个可选的额外参数，用来指定分割的字符。行尾符（\n）是常用的选择	>>>'abc def'.split() ['abc','def']
s.splitlines()	按换行符分割字符串	
s.strip()	去掉字符串两端的空格	>>>'a b'.strip() 'a b'
s.upper()	与lower()相反，将所有字符转换成大写	

3.9.3 列　表

至此，我们学习了很多列表的方法，现总结为表3.5。

表3.5　列表方法

函　　数	描　　述	示　　例
del(a[i:j])	移除数组中的元素，从i到j-1	>>>a = ['a','b','c'] >>>del(a[1:2]) >>>a ['a','c']
a.append(x)	在列表最后增加一个元素	>>>a = ['a','b','c'] >>>a.append('d') >>>a ['a','b','c','d']
a.count(x)	计算某元素出现的次数	>>>a = ['a','b','a'] >>>a.count('a') 2

续表3.5

函　数	描　述	示　例
a.index(x)	返回a中x第一次出现的位置，可选参数能够设定开始或结束的位置	>>>a = ['a','b','c'] >>>a.index('b') 1
a.insert(i,x)	在列表中的i位置插入x	>>>a = ['a','c'] >>>a.insert(1,'b') >>>a ['a','b','c']
a.pop()	返回列表中最后一个元素，同时将其移除。可选参数能够指定显示和移除的位置	>>>['a','b','c'] >>>a.pop(1) 'b' >>>a ['a','c']
a.remove(x)	移除指定的元素	>>>a = ['a','b','c'] >>>a.remove('c') >>>a ['a','b']
a.reverse()	逆向列表	>>>a = ['a','b','c'] >>>a.reverse() >>>a ['c','b','a']
a.sort()	给列表排序，给目标排序时有高级选项。下一章会有详细介绍	

3.9.4　字　典

表3.6列举了一些字典方面的函数。

表3.6　字典函数

函　数	描　述	示　例
len(d)	返回字典中关键字对应的值	>>>d = {'a':1,'b':2} >>>len(d) 2
del(d[key])	从字典中删除关键字对应的项	>>>d = {'a':1,'b':2} >>>del(d['a']) >>>d {'b':2}

函　　数	描　　述	示　　例
key in d	如果字典中d项包含关键字，则返回True	>>>d = {'a':1,'b':2} >>>'a'in d True
d.clear()	从字典中移除所有的内容	>>>d = {'a':1,'b':2} >>>d.clear() >>>d {}
get(key,default)	返回关键字对应的值，如果字典中没有这个关键字，则返回default	>>>d = {'a':1,'b':2} >>>d.get('c','c') 'c'

3.9.5　类型转换

当我们想把一个数字转换成字符串，以便接在另一个字符串后面的时候，就需要进行类型转换。Python提供了一些类型转换的内部函数，详见表3.7。

表3.7　类型转换函数

函　　数	描　　述	示　　例
float(x)	将x转换成浮点数	>>>float('12.34') 12.34 >>>float(12) 12.0
int(x)	可选的参数能够指定转换的数学进制	>>>int(12.34) 12 >>>int('FF',16) 255
list(x)	将x转换为列表，这也是获取字典关键字的好方法	>>>list('abc') ['a','b','c'] >>>d = {'a':1,'b':2} >>>list(d) ['a','b']
str(x)	将x转换为字符串	>>>str(12.34) '12.34'

▌练　习

尝试完成一个猜数字的小程序：每次随机产生一个100以内的数字，然后让玩家猜，每猜一次都反馈"比随机数大还是小"，直到玩家猜出答案。

○ 参考答案

（1）和猜词游戏一样，先把游戏的结构写出来。这里，写play函数时还是先把一些要用到的函数写出来，如processGuess，完成的游戏结构如下：

```
def play():
  num = random.randint(1,100)
  while True:
    guess = int(input('Guess a num(1-100)?'))
    if processGuess(guess,num):
      print('You win!')
      break
```

猜数字游戏首先随机选择一个数字，然后是无限循环，直到数字被猜出（processGuess返回True）。每次循环，游戏都会让玩家猜一次。这里用int函数将玩家的输入转换成整型数据。

（2）完善processGuess函数。该函数的主要作用是判断猜到的数据与随机数是否相同。对应的内容如下：

```
def processGuess(guess,number):
  if guess == number:
    return True
  elif guess > number:
    print('big')
  else:
    print('small')
  return False
```

在游戏中，如果猜到的数比随机数大，则显示"big"；如果猜到的数比随机数小，则显示"small"。

（3）运行程序，显示内容如图3.2所示。

图3.2 运行猜数字游戏

对应的完整程序如下：

```python
import random

def play():
    num = random.randint(1,100)
    while True:
        guess = int(input('Guess a num(1-100)?'))
        if processGuess(guess,num):
            print('You win!')
            break

def processGuess(guess,number):
    if guess == number:
        return True
    elif guess > number:
        print('big')
    else:
        print('small')
    return False

play()
```

第4章 内置函数与模块

本章，我们先介绍Python中的内置函数与模块，然后讨论如何制作并使用自己的类库。接着还会讨论如何在程序中构建类，然后让它们各司其职。这有助于对复杂程序进行检查，让程序更易于管理。

4.1 内置函数

上一章的函数汇总提到了内置函数的概念。内置函数是Python语言预先定义好的，可以直接使用，无须自己定义。

4.1.1 什么是内置函数？

Python中有许多内置函数，之前使用的print函数及range函数就是典型的内置函数。内置函数的类型根据Python版本的不同而略有不同。在Python 3.6中，可以使用表4.1中的内置函数（其中有些已经在前面介绍过了）。

表4.1　Python 3.6中可用的内置函数

函数名	功　能
abs()	返回参数的绝对值
all()	如果iterable对象的所有元素都为"真"（或空），则返回True
any()	如果iterable对象的任何元素为"真"，则返回True；如果为空，则返回False
ascii()	返回对象可打印的字符串
bin()	将整数转换为二进制字符串
bool()	返回参数的布尔值
breakpoint()	调试器的断点
bytearray()	返回参数的字节数组
bytes()	返回参数的bytes对象
callable()	如果参数是可调用对象，则返回True；否则，返回False
chr()	返回Unicode字符表示的字符串
classmethod()	将方法封装为类的方法
compile()	将参数编译为AST对象
complex()	将字符串或数字转换为复数
delattr()	删除指定的属性

续表4.1

函数名	功　　能
dict()	创建一个新字典
dir()	返回对象的属性列表
divmod()	返回整数除法的商和余数
enumerate()	获取列表（数组）的元素和序列号
eval()	将字符串作为表达式并返回表达式的值
exec()	执行语句
filter()	仅提取满足参数条件的元素
float()	从数字或字符串生成浮点数
format()	将参数转换格式表示
frozenset()	返回一个新的frozenset对象
getattr()	返回对象的属性值
globals()	以字典形式返回当前的全局变量
hasattr()	如果参数是对象的属性名，则返回True，否则返回False
hash()	返回对象的哈希值
help()	启动帮助系统
hex()	将参数表示为十六进制
id()	返回对象的ID
input()	从键盘输入中读取一行，将其转换为字符串并返回
int()	将数字或字符串转换为整数对象
isinstance()	如果参数是指定类型的实例或子类则返回True，否则返回False
issubclass()	如果参数是指定类型的子类则返回True，否则返回False
iter()	返回参数的iterable对象
len()	返回对象中元素的数量
list()	生成一个列表
locals()	以字典形式更新并返回当前的局部变量
map()	返回适用于所有元素的迭代器
max()	返回两个或多个参数中最大的元素
memoryview()	返回该对象的memoryview对象
min()	返回两个或多个参数中最小的元素
next()	获取下一个元素
object()	返回一个新对象
oct()	将整数转换为八进制字符串
open()	打开文件并返回文件对象
ord()	返回一个整数，该整数表示单个Unicode字符的Unicode码
pow()	返回参数的幂值
print()	将参数输出到标准输出
property()	返回属性
range()	生成一个数字对象序列

函数名	功　能
repr()	返回对象的字符串
reversed()	返回一个反向的iterator
round()	返回四舍五入的小数
set()	返回一个新的set对象
setattr()	将值与属性关联
slice()	返回一个slice对象
sorted()	返回一个新的已排序列表
staticmethod()	将方法转换为静态方法
str()	将数字转换为字符串对象
sum()	从左到右对元素求和
super()	将方法委托给父类
tuple()	生成元组
type()	返回对象的类型
vars()	返回模块、类和实例的__dict__属性
zip()	创建一个收集对象元素的iterator
__import__()	导入模块

说　明

想进一步了解内置函数，请参考官方网站翻译后的文档资料。

https://docs.python.org/zh-cn/3/library/functions.html

下面，我们重点介绍format函数。

4.1.2　format函数

字符串的显示形式就是"format"，或者称为"格式"。比如，货币的显示格式通常是每三位数插入一个逗号，如"1,000"。再比如，数字右对齐、标题字符居中。

format函数是将字符串设置为某种格式并转换成字符串的函数。format函数中指定的参数和返回值见表4.2。

表4.2　format函数的参数与返回值

format(value,format_spec)	
参　　数	说　　明
value	转换前的值（如字符串和数字）
format_spec	表示某种具体格式的字符串
返回值	格式化之后的字符串

format函数的第一个参数是"转换前的值"，第二个参数是"表示某种具体格式的字符串"。将其作为参数时，由于它是一个字符串，因此要在两端加上单引号（'）。

format函数中表示某种具体格式的字符串见表4.3。

表4.3　format函数中表示某种具体格式的字符串

具体格式的字符串	对应的格式说明
<	左对齐（大多数的默认值）
>	右对齐
^	居　中
=	符号后填充（仅对数字类型有效）
+	正数前面显示+,负数前面显示–
–	仅为负数时显示-（默认）
空　格	正数前面显示一个空格，负数前面显示–
,	使用逗号作为千位分隔符
_	对浮点小数和整数使用下划线作为千位分隔符
s	字符串
b	二进制
c	将整数转换为相应的Unicode字符
d	十进制
o	八进制
x	十六进制数（小写表示法）
X	十六进制数（大写表示法）
e	使用"e"表示指数的表示法
E	使用"E"表示指数的表示法
f	数字定点表示（小写），默认精度为6
F	数字定点表示（大写），默认精度为6
%	将数字乘以100并显示为定点格式，后面带一个百分号

下面，尝试使用format函数将数字转换为每三位插入一个逗号的字符串。例如，要在数字"100000000"中插入逗号分隔符，可以在终端中输入以下内容：

```
>>>format(100000000,',')
'100,000,000'
>>>
```

使用format函数可以轻松地将数字转换为二进制数字。将"b"作为第二个参数，可以在终端中输入以下内容：

```
>>>format(100000000,'b')
'101111101011110000100000000'
>>>
```

这样就能将"100000000"转换为二进制数。

使用format函数还可以指定字符串的对齐方式，右对齐使用>符号，中心对齐使用^符号。在这两种情况下，字符宽度均指符号的右侧。例如，>30表示30个字符宽度的右对齐，^30表示30个字符宽度的中心对齐。字符宽度是单字节字符数。

尝试在终端中输入以下内容：

```
>>>format('标题','>30')
'                            标题'
>>>format('标题','^30')
'              标题              '
>>>
```

4.1.3　format方法

字符串对象都有作为对象函数的format函数。作为对象函数，这里称为"format方法"。

使用format方法时，字符串中对应位置的"{}"表示要替换的字段。在format方法的参数中输入对应的内容，这个内容会在变换格式后插到大括号的位置。要指定格式，就在冒号（:）之后指定上述表示具体格式的字符串。也就是，将要替换的字段写成"{:表示具体格式的字符串}"。

首先，我们只替换字符串而不指定格式，将字符串"金额为××元"的"××"部分替换为数字"1234"。尝试在终端中输入以下内容：

```
>>>'金额为{}元。'.format(1234)
'金额为1234元。'
```

```
>>>
```

通过输出能看到，数字"1234"已插到"{}"的位置。

使用format方法指定格式，就是将表示具体格式的字符串放在要替换的字段中。例如，将","放在":"之后，尝试在终端中输入以下内容：

```
>>>'金额为{:,}元。'.format(1234)
'金额为1,234元。'
>>>
```

这样货币数字显示格式中就插入了逗号。

要想指定小数点之后的显示位数，可以在":"之后输入"."并输入一个指定显示位数的数字，最后输入格式字符串"f"或"F"。例如：

```
>>>'显示小数点后两位{:.2f}'.format(1/3)
'显示小数点后两位0.33'
>>>
```

1除以3的结果是0.3333333……这样写的话，显示小数点后两位的结果就是"0.33"。

同样，使用"%"指定"{:2.%}"，可以显示"%"小数点后两位。

> **说　明**
>
> 　　这里要注意，format方法的舍入不是单纯的四舍五入，而是被称为"奇进偶舍"的形式。奇进偶舍，又被称为"四舍六入五成双规则"。从统计学的角度看，"奇进偶舍"比"四舍五入"更精确。
>
> 　　奇进偶舍的具体规则如下：
>
> 　　（1）如果保留位数的后一位是4，则舍去。
>
> 　　（2）如果保留位数的后一位是6，则进位。
>
> 　　（3）如果保留位数的后一位是5，则要看5之后是否还有数，有就进位；如果5后面没有数了，则要再看5的前一位——小于3则舍去，大于等于3则进位。

此外，还可以指定字符串的位置。{:>30}表示30个字符宽度的右对齐，而{:^30}表示30个字符宽度的中心对齐。尝试在终端中输入以下内容：

```
>>>'左对齐:{:<30}'.format(3)
'左对齐:3                            '
>>>'右对齐:{:>30}'.format(3)
'右对齐:                            3'
>>>'中心对齐:{:^30}'.format(3)
'中心对齐:              3             '
>>>'中心对齐:{:^30}'.format(3.33)
'中心对齐:             3.33          '
>>>
```

可以为多个字符宽度的其余部分填充另一个字符，还可以在符号"+""−"和数字之间填充0。例如，要在格式字符串的左侧写入填充字符，尝试在终端中输入以下内容：

```
>>>'右对齐:{:@>30}'.format(3)
'右对齐:@@@@@@@@@@@@@@@@@@@@@@@@@@@@@3'
>>>'右对齐:{:0 = +30}'.format(3)
'右对齐:+00000000000000000000000000003'
>>>
```

另外，`format` 方法可以有多个参数，这些字符串的参数可以分别插入多个要替换的字段中。在这种情况下，多个参数从左开始编号为0,1,2,…使用编号指定插入位置。要替换的字段要写为"{编号}"或"{编号:表示具体格式的字符串}"。如果省略编号，则表示按参数的顺序替换。

```
>>>x = 'cat'
>>>y = 'dog'
>>>z = 'frog'
>>>
>>>'{}{}{}'.format(x,y,z)
'cat dog frog'
>>>'{2}{1}{2}{0}'.format(x,y,z)
'frog dog frog cat'
>>>
```

4.2　模块与库

了解内置函数之后，下面介绍模块与库。

4.2.1　模块与库

对Python来说，模块是指多个函数（对象）的集合，可以重复使用。不仅方便其他人使用，也方便自己将其应用于不同的项目。模块也可以称为库。Python中的"库"参考了其他编程语言的说法，之后的内容沿用这一概念。

在Python中创建这种函数的库非常容易和简洁。本质上来说，任何Python代码的文件都可以当作同名的库来使用。不过，开始写自己的库之前，我们先看看如何使用Python中已安装的库以及第三方提供的库。

4.2.2　使用random库

使用random库之前，需要输入以下代码：

```
>>>import random
>>>random.randint(1,6)
5
```

这里，首先使用import命令告诉Python我们想使用random库。安装的Python中有一个random.py文件，其中包含randint和choice等函数。

这么多可用的库，其中肯定有同名的函数，Python如何知道使用的是哪个库中的函数呢？对此，Python要求我们在函数之前加上库的名字，并将两者用一个点连接起来。如果没有在函数之前使用库的名字并加上一个点，那么所有的函数都是无效的。像这样删掉库的名字：

```
>>>import random
>>>randint(1,6)
Traceback(most recent call last):
  File"<stdin>",line 1,in<module>
NameError:name'randint'is not defined
```

就会提示我们没有找到对应的函数。不过，要是每次使用函数前都加上库的名字和一个点，那就太麻烦了。幸运的是，我们可以通过在import命令后添加一点内容来让这件事简单一些：

```
>>>import random as r
>>>r.randint(1,6)
2
```

上面的代码中，我们通过as给使用的库起了一个缩写名字，即用r代替random。这样，我们在程序中输入r的时候，Python就知道我们写的是random了。如此，编写代码时就能够少输入一些内容了。

如果确定你使用的库中的函数不会与你的程序有任何冲突，那么可以再进一步：

```
>>>from random import randint
>>>randint(1,6)
5
```

这样，再使用对应的函数时就不用输入库的名字了。更深入的话，你可以一次性从库中导入所有的函数——一般不建议这样操作，除非你确定库中都包含了什么函数。不过，这里还是要说一下如何实现：

```
>>>from random import *
>>>randint(1,6)
2
```

这里，*表示所有的函数。

4.2.3　Python标准库

我们已经使用了random库，Python中还有很多其他的库，这些库常被称为Python标准库。整个库的清单中包含了很多函数，你可以在http://docs.python.org/release/3.1.5/library/index.html中找到Python库的完整清单。以下是几个常用的库：

- string：字符串工具
- datetime：用来操作日期和时间
- math：数学函数（sin、cos等）
- pickle：用来存储和恢复文件的数据结构
- urllib.request：读取网页
- tkinter：创建图形化用户界面

本节以操作日期和时间的库datetime为例，讲解库的操作。

datetime库由多个对象组成，包括处理日期的date对象、处理时间的

time对象、计算日期差的timedelta对象等。

1. date对象

date对象是处理年、月、日的对象，其属性和方法见表4.4。

表4.4　date对象的属性和方法

名　称	说　明
year,month,day	对象保存的年、月、日的值。year是从1到9999的值，month是从1到12的值，day是从1到当月最后一天的值
date(year,month,day)	将表示年、月、日的整数作为参数，生成date对象
today()	返回当前本地日期的date对象
strftime(format)	如果在format中指定格式字符串，则返回根据具体格式表示的日期字符串
weekday()	将星期一作为0，星期日作为6，返回代表星期的整数

让我们获取一个date对象并测试一下表4.4中的方法。年、月、日的值保存在date对象的year属性、month属性、day属性中。在编辑区输入以下内容：

```
from datetime import date

week = ['一','二','三','四','五','六','日']

sample_today = date.today()

print('{}年'.format(sample_today.year))
print('{}月'.format(sample_today.month))
print('{}日'.format(sample_today.day))

#用strftime方法指定格式来显示"今天"的日期
print(sample_today.strftime('%Y/%m/%d'))

#用weekday方法查一下今天是星期几，然后从列表"week"中获取对应的文字来显示
print('今天是星期{}'.format(week[sample_today. weekday()]))
```

程序运行后，调试控制台中的输出内容为

```
2020年
8月
19日
2020/08/19
今天是星期三


执行完毕
```

这里使用format方法将字符串与通过date对象的各种方法获得的值串在一起显示。

2. time对象

time对象是处理时间的对象，其属性和方法见表4.5。

表4.5　time对象的属性和方法

名　称	说　明
hour,minute,second,micr osecond,tzinfo	对象保存的时、分、秒、微秒、时区的值，范围如下： 0 <= hour < 24 0 <= minute < 60 0 <= second < 60 0 <= microsecond < 1000000
time(hour = 0, minute = 0,second = 0, microsecond = 0, tzinfo = None)	将时、分、秒作为参数，生成time对象。也可以设定微秒和时区
strftime(format)	如果在format中指定格式字符串，则返回根据具体格式表示的时间字符串

在编辑区输入以下内容：

```
from datetime import time

#创建一个时间为7点30分45秒的time对象
sample_time = time(7,30,45)

print('{}点{}分{}秒'.format(
sample_time.hour,
sample_time.minute,
sample_time.second))

print(sample_time.strftime('%H:%M:%S'))
```

时间的数据保存在各个属性中。这里使用strftime方法指定时间显示的格式，然后作为字符串输出显示。程序运行后，调试控制台中的输出内容为

```
7点30分45秒
07:30:45
```

执行完毕

这里生成了时间为7点30分45秒的time对象，同时显示了时间信息。

说 明

在Python中，如果一行代码太长，可以在行尾输入反斜线符号（\），表示代码在下一行继续。另外，在括号（{}、()、[]）中以逗号（,）划分的部分，即使没有反斜杠也表示下一行继续。

```
print('{}点{}分{}秒'.format(
sample_time.hour,
sample_time.minute,
sample_time.second))
```

这段代码相当于一行一个命令。

---

3. **timedelta**对象

timedelta对象是计算两个date、time、datetime对象的时间差的对象。创建timedelta对象的函数见表4.6。

表4.6　创建**timedelta**对象的函数

名　称	说　明
timedelta(days = 0, seconds = 0, microseconds = 0, milliseconds = 0, minutes = 0,hours = 0, weeks = 0)	生成表示指定"经过时间"的timedelta对象。参数为经过时间的日、秒、微秒、毫秒、分、时、周。可以省略所有参数，即参数默认值为0。参数可以是整数，也可以是浮点数。正负均可计算

例如，要查一下2020年10月1日的200天后是什么日期，可以先使用date对象生成一个日期为2020年10月1日的date对象，然后生成一个200天的timedelta对象并加到之前的date对象上。尝试在编辑区输入以下内容：

```
from datetime import date
from datetime import timedelta

sample_date = date(2020,10,1)
sample_timedelta = timedelta(days = 200)
```

```
#2020年10月1日后加200天
later = sample_date + sample_timedelta
print('2020年10月1日的200天后是{}年{}月{}日'.format(later.year,later.
                                         month,later.day))

new_year = date(2021,1,1)
diff = new_year - sample_date
print('2020年10月1日到2021年1月1日有{}天'.format(diff.days))
```

不过，如果想查一下2020年10月1日到2021年1月1日的天数，则不用生成 timedelta对象，简单地用日期为2021年1月1日的date对象减去日期为2020 年5月1日的date对象即可。在上述代码的最后，我们通过date对象之间的减 法计算了相差的天数。

程序运行后，调试控制台中的输出内容为

```
2020年10月1日的200天后是2021年4月19日
2020年10月1日到2021年1月1日有92天

执行完毕
```

4.2.4　安装第三方库

除了Python的标准库，还有很多第三方提供的库。使用这些库之前要先安 装，有的甚至还需要进行配置。

在mPython中，要安装常用的第三方库，可以点击界面上方右侧的 "Python库管理"按钮。此时会弹出一个Python库的列表，如图4.1所示。

这个对话框中列出了常用的第三方库，按照库所实现的功能可分为人工智 能、数据计算、数据处理、游戏、爬虫等。我们可以通过左侧的分类列表来选 择对应种类的第三方库。

选中分类之后，右侧的区域就会出现对应库的名称与介绍。要安装一个具 体的库，点击对应的"安装"按钮即可。

在安装之前，还可以选择库文件存放的镜像位置，只需点击对话框右上角 的下拉菜单"阿里云镜像安装源"，如图4.2所示。

图4.1 点击"Python库管理"按钮之后弹出的对话框

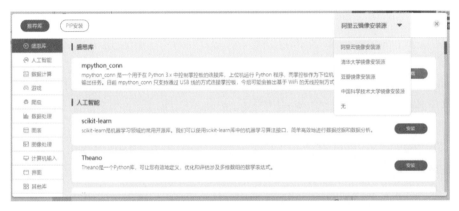

图4.2 选择库文件存放的镜像位置

已经完成安装的库，后面的按钮会变成红色的"卸载"按钮。

说　明

> 第三方库还有一种pip安装形式，参见同系列的其他图书。

4.3　面向对象

　　面向对象编程是最有效的编程方式之一。在面向对象的编程中，你要编写一个抽象化事物的类，并基于类来创建对象，而每个对象都具有类的相同属性和方法。类与库有很多共同点，它们都将相关的内容整合成组，从而方便管理和查找。顾名思义，面向对象是关于对象的。我们已经无形中用过对象很多次了，比如，字符串就是一个对象。因此，输入：

```
>>>'abc'.upper()
```

上述代码就是要告诉字符串'abc'，我们想把它变为全部大写。在面向对象编程中，abc是一个内部str类的实例，而upper是str类中的一个方法。

事实上，我们可以通过__class__方法知道一个对象属于哪个类（注意单词class前后是双下划线）：

```
>>>'abc'.__class__
<class'str'>
>>>[1].__class__
<class'list'>
>>>12.34.__class__
<class'float'>
```

4.3.1　定义类

大致了解类的定义之后，下面让我们定义一些自己的类。本节，我们尝试创建一个能够通过缩放因子换算单位的类。

我们给这个类取一个贴切的名字ScaleConverter。以下是这个类的全部代码，以及额外的几行测试代码：

```
class ScaleConverter:
  def__init__(self,units_from,units_to,factor):
    self.units_from = units_from
    self.units_to = units_to
    self.factor = factor

  def description(self):
    return'Convert' + self.units_from + 'to' + self.units_to

  def convert(self,value):
    return value * self.factor

c1 = ScaleConverter('inches','mm',25)
print(c1.description())
```

```
print('converting 2 inches')
print(str(c1.convert(2)) + c1.units_to)
```

第一行比较容易理解，它指出我们准备定义一个叫做ScaleConverter的类。最后的冒号（：）表示后面内容都是类的定义部分，直到缩进再次回到最左边。

在ScaleConverter类中，有3个函数定义。这些函数都属于这个类，除非通过类的实例化对象，否则这些函数是不能使用的。这种属于类的函数叫做方法。

第一个方法__init__看起来有点奇怪，名字两端各有两条下划线。当Python创建一个类的新实例化对象时，会自动执行__init__方法。__init__中参数的数量取决于这个类实例化的时候需要提供多少个参数。这方面，我们看一下文件结尾处的这一行：

```
c1 = ScaleConverter('inches','mm',25)
```

创建了一个ScaleConverter类的实例化对象，指定了要将什么单位转换成什么单位，以及转换的缩放因子。__init__方法必须包含所有参数，不过它必须把self作为第一个参数：

```
def__init__(self,units_from,units_to,factor):
```

参数self指的是对象本身。现在，我们看看__init__方法中的内容：

```
self.units_from = units_from
self.units_to = units_to
self.factor = factor
```

其中每一句都会创建一个属于对象的变量，这些变量的初始值都是通过参数传递到__init__内部的。

总的来说，当我们输入如下内容：

```
c1 = ScaleConverter('inches','mm',25)
```

创建一个ScaleConverter类的新对象时，Python会实例化ScaleConverter类，同时将'inches'、'mm'和25赋值给3个变量：self.units_from、self.units_to和self.factor。

讨论类的时候经常会用到"封装"这个词。类的主要工作就是把与类相关的一切封装起来，包括存储数据（如这三个变量）以及 description 和 convert 这样的对数据的操作方法。

第一个 description 会获取转换的单位并创建一个字符串来表述这个转换。像 __init__ 一样，所有方法必须把 self 作为第一个参数。这个方法可能需要访问属于类的数据。

上述程序中最后三行测试代码，会输出对象的描述，并进行一次不同单位间数值的转换。convert 方法有两个参数：self 参数和名为 value 的参数。这个方法只是简单地返回 value 乘以 self.faxtor 的数值。对应程序的输出为：

```
Convert inches to mm
converting 2 inches
50mm
```

执行完毕

4.3.2　类的继承

ScaleConverter 类对于长度单位的转换是适合的，但是，对于摄氏度（℃）到华氏度（℉）这样的温度转换就不适用了。根据公式 ℉ = 1.8℃+32，温度单位转换除了需要缩放因子（1.8），还需要一个偏移量（32）。

为此，我们创建一个名为 ScaleAndOffsetConverter 的类。这个类很像 ScaleConverter，只是除 factor 之外还需要 offset。简单的方法是复制整个 ScaleConverter 类的代码，然后稍作修改，增加一个外部的变量。修改之后的代码如下：

```
class ScaleAndOffsetConverter:
  def __init__(self,units_from,units_to,factor,offset):
    self.units_from = units_from
    self.units_to = units_to
    self.factor = factor
    self.offset = offset

  def description(self):
    return'Convert' + self.units_from + 'to' + self.units_to
```

```
    def convert(self,value):
      return value * self.factor + self.offset

  c2 = ScaleAndOffsetConverter('C','F',1.8,32)
  print(c2.description())
  print('converting 20C')
  print(str(c2.convert(20)) + c2.units_to)
```

假如我们希望在程序中包含这两个换算器，那么这个笨办法是可行的。之所以说这是笨办法，是因为其中有重复的代码。description方法是完全一样的，__init__也差不多。另一种更好的办法叫做"继承"。

类的继承意味着当你想针对已存在的类再创建一个新的类的时候，可以继承父类所有方法和变量，你只需要新增或重写不同的部分。

以下是通过继承实现的ScaleAndOffsetConverter类的定义：

```
  class ScaleAndOffsetConverter(ScaleConverter):

    def__init__(self,units_from,units_to,factor,offset):
      ScaleConverter.__init__(self,units_from,units_to,factor)
      self.offset = offset

    def convert(self,value):
      return value * self.factor + self.offset
```

注意，在类的定义中，ScaleAndOffsetConverter之后的括号中是ScaleConverter，这是告诉你如何区分类中的父类。

ScaleConverter子类中的__init__方法会先调用ScaleConverter中的__init__方法，然后定义新变量offset。而Convert方法将会覆盖父类中的convert方法，因为我们需要给这种换算器增加一个偏移量。这个换算小程序很简单，我们将这两个类放在一个单独文件中，就能在其他程序中使用了。

4.3.3 自定义类库

前面介绍过，任何Python代码的文件都可以当作同名的库来使用。要想把这个文件当作库文件，首先要把代码测试一遍，然后点击mPython界面中文件选项卡最右侧的"+"新建一个文件，如图4.3所示。

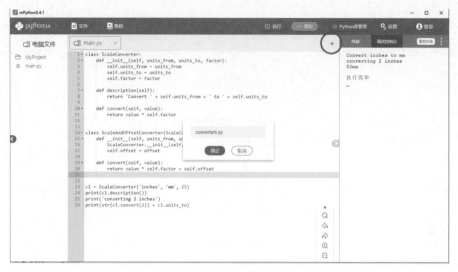

图4.3　新建文件

为文件起一个便于理解的名字converters.py，点击确定。此时会弹出一个空白的编辑文件。将之前的代码整体复制到这个文件中，删掉最后部分的测试代码并保存，如图4.4所示。

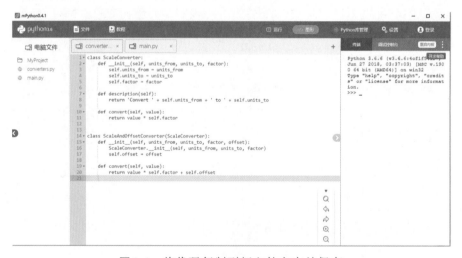

图4.4　将代码复制到新文件夹中并保存

此时会在左侧的"电脑文件"中看到对应的新建文件。使用模块时，使用import导入文件即可。可以尝试在终端中输入以下内容，看看两个类一起工作是什么效果。

```
>>>import converters
>>>c1 = converters.ScaleConverter('inches','mm',25)
>>>print(c1.description())
```

```
Convert inches to mm
>>>print('converting 2 inches')
converting 2 inches
>>>print(str(c1.convert(2)) + c1.units_to)
50mm
>>>c2 = ScaleAndOffsetConverter('C','F',1.8,32)
>>>print(c2.description())
Convert C to F
>>>print('converting 20C')
converting 20C
>>>print(str(c2.convert(20)) + c2.units_to)
68.0F
```

4.4 文 件

使用类库能够让我们的代码更加优化，不过当Python程序结束时，任何变量中的数值都会丢失。而文件提供了一种永久保存数据的方法。Python会让你的程序非常方便地使用文件以及连接网络。你能够通过程序从文件中读取数据，向文件中写数据，还能通过网络获取内容，甚至可以查看邮件。

4.4.1 读取文件

Python读取文件内容非常容易。举个例子，我们可以修改一下第3章中的猜词游戏，将程序中固定的单词列表变为从文件中读取单词列表。

首先，新建一个名为guessWord.txt的文件，在文件中输入一些单词，每个单词一行，如图4.5所示。

图4.5　新建文件 guessWord.txt

　　修改猜词游戏程序本身之前，我们先尝试在终端中读取这个文件。在控制台中输入如下内容：

```
>>>f = open('guessWord.txt')
```

接着，在终端中输入以下内容：

```
>>>words = f.read()
>>>words
'chicken\ndog\ncat\nmouse\nfrog\nhorse\npig\ntiger\n'
>>>words.splitlines()
['chicken','dog','cat','mouse','frog','horse','pig','tiger']
>>>
```

　　注意，当我们直接输出变量words的时候，所有的单词都是通过换行符\n连在一起的，后面我们又通过函数splitlines将这些内容分割成一个单词的列表。至此就完成了文件的读取，是不是感觉很容易！所有我们要做的就是把文件添加到猜词游戏的程序中，即将

```
words = ['chicken','dog','cat','mouse','frog']
```

替换为

```
f = open('guessWord.txt')
words = f.read().splitlines()
f.close()
```

　　f.close()这一行是需要添加的。操作完文件，释放资源给操作系统的时

候，常会调用close命令。如果一直打开一个文件可能会出现问题。

这样，猜词游戏的程序当中就没有了单词的列表，所有要猜的单词都存在了文件guessWord当中。当我们希望替换所猜的单词的时候，修改txt文件就可以了。不过，这个程序没有检查读取的文件是否存在，如果文件不存在，我们会得到一个像这样的错误提示：

```
Traceback(most recent call last):
  File"hello.py",line 4,in<module>
    f = open('guessWord.txt')
IOError:[Errno 2]No such file or directory:'guessWord.txt'
```

为了让使用者感觉友好一些，最好把文件读取的代码放在try当中，如下：

```
try:
  f = open('guessWord.txt')
  words = f.read().splitlines()
  f.close()
except IOError:
  print("Cannot find file'guessWord.txt'")
  exit()
```

这样，Python就会尝试打开文件。不过，一旦文件丢失，就无法打开文件了。因此，except部分的程序就会运行，出现一个友好的信息，告诉玩家没有找到文件。因为没有单词列表供猜词，我们什么也干不了，也就没必要继续了，所以使用exit命令退出程序。

4.4.2 读取大文件

学了上一节，读取只包含几个单词的小文件是没有问题了。不过，如果我们要读取一个很大的文件（比如几MB的大小），就会有两件事发生。第一，Python会花费大量的时间读取所有的数据；第二，一次性读入所有的数据，会占用至少文件大小的内存，如果是特别大的文件，可能会使内存耗尽。

如果你发现自己正在读取一个大文件，那就要考虑一下如何处理它了。例如，要在文件中查找一段特殊的字符串，可以每次只读一行，参考如下代码：

```
try:
  f = open('guessWord.txt')
  line = f.readline()
```

```
   while line != '':
     if line == 'tiger\n':
       print('There is an tiger in the file')
       break
     line = f.readline()
   f.close()
except IOError:
   print("Cannot find file'guessWord.txt'")
```

函数readline读到文件的最后一行时，将返回一个空字符串（''），否则将返回这一行的内容，包括行尾符（\n）。如果它读到的是两行之间的空行而不是文件的最后，那么将只返回一个行尾符（\n）。程序一次只读一行，因此只占用保存一行数据的内存。

当文件无法分成合适的行时，你可以设定一个参数来限定读取的字符数。例如，以下代码只读取文件开始的20个字符。

```
>>>f = open("guessWord.txt")
>>>f.read(20)
'chicken\ndog\ncat\nmous'
>>>f.close()
>>>
```

4.4.3 写文件

在Python中写文件也非常简单，还是使用open函数。使用open函数打开文件的时候，除了能够指定打开的文件名，还能指定打开文件的模式。open函数的参数和返回值见表4.7。

表4.7　open函数的参数和返回值

open(file,mode = 'r',encoding = None)	
参　数	说　明
file	要打开文件的文件名
mode	指定打开模式（默认为只读）
encoding	文件编解码方法
返回值	已成功打开文件的对象

表4.8给出了设定打开模式可以使用的字符，这些字符可以组合使用。由于参数是文字（字符串），所以在代码中要用单引号（'）包含起来。如果没有指定模式，则一般默认为r的读取模式。

表4.8　设定打开模式可以使用的字符

字 符	含 义
r	只读、无法写入的模式（默认为rt）。如果文件不存在就报错
w	写入模式，会覆盖原文件。如果文件不存在，则创建新文件
x	创建新文件并写入。如果当前已存在文件，则报错
a	写入模式，新增内容会添加到文件末尾。如果文件不存在，则创建新文件
b	二进制模式
t	文本模式（默认为rt）
+	文件可更新。如果是r+，则可以读/写，文件不存在就报错；如果是w+，也可以读/写，文件不存在会创建新文件
u	\n、\r、\n和\r都表示换行的模式（不推荐）

> **说　明**
>
> 有关open函数的详细说明，请参考官方网站翻译后的文档资料。
> https://docs.python.org/zh-cn/3/library/functions.html#open

如果open函数运行正常，则会返回可用的文件对象。使用文件对象的write方法就能将文本写入文件。写入文件需要在打开文件时以'w'、'a'或'r+'作为第二参数，举例如下：

```
>>>f = open('test.txt','w')
>>>f.write('This file is not empty')
>>>f.close()
```

4.4.4　文件操作

有时候，需要对文件进行一些文件系统类型的操作（移动、复制等）。Python使用命令行的形式，很多函数都在shutil库中，基本的复制、移动，以及文件权限和元数据处理都有一些微妙的变化。这一节，我们只介绍基本操作。你可以参考Python的官方文档，查找更多的函数（http://docs.python.org/release/3.1.5/library）。

复制文件：

```
>>>import shutil
>>>shutil.copy('test.txt','test_copy.txt')
```

移动文件，改变文件名或是把文件移动到其他目录下：

```
>>>shutil.move('test_copy.txt','test_dup.txt')
```

上述操作对文件和目录都适用。如果你想复制整个文件夹，包括所有目录和目录下的内容，可以使用copytree函数。另外，还可以使用较为危险的rmtree函数——这个函数会删除原来的目录及其中的所有内容，一定要谨慎使用。

查找目录下文件的最好方式是通过globbing，glob包允许通过特定的通配符（*）在目录中创建一个文件列表。举例如下：

```
>>>import glob
glob.glob('*.txt')
['guessWord.txt','test.txt','test_dup.txt']
```

如果你只是想知道文件夹中的所有文件，可以这样：

```
glob.glob('*')
```

4.5　网　络

很多应用程序都会通过各种方式使用网络，即使只是通过网络检查一下是否有新版本更新并提示用户注意。你可以发送HTTP[1]请求来与网络服务器交互，网络服务器在收到信息之后会发送一串文本作为回复。这个文本是HTML[2]，网页都是用这种语言创建的。在Python中，我们使用urllib.request库来获取网页信息。

4.5.1　urllib.request库

urllib.request库是用作HTTP请求的客户端库。使用方法是先导入urllib.request，然后通过urlopen方法向网络服务器发送请求。方法返回值为响应对象（网页），这里要转换成UTF-8格式的文本。

---

① Hypertext Transfer Protocol，超文本传输协议。

② Hypertext Markup Language，超文本标记语言。

在编辑区输入以下代码：

```
import urllib.request
u = 'https://www.labplus.cn'
res = urllib.request.urlopen(u)
html = res.read().decode('utf-8')
print(html)
```

运行程序后，调试控制台会显示盛思科教首页的HTML，如图4.6所示。由于信息量很大，图中只显示了开头的部分。

图4.6 运行程序后会显示指定URL的HTML内容

4.5.2　将HTML保存到文件

接下来，试着将取得的HTML数据保存到文件中。以下代码中添加了将获取的网页（HTML）保存到文件中的代码：

```
import urllib.request
u = 'https://www.labplus.cn'
res = urllib.request.urlopen(u)
html = res.read().decode('utf-8')

f = open('python.html','w',encoding = 'utf-8')
f.write(html)
f.close()
print('python.html 已保存')
```

再次运行程序的时候，就不是在调试控制台输出HTML的内容了，而是将内容输出到"python.html"文件中，如图4.7所示。

图4.7 创建新的HTML文件

如图4.7所示，右侧的调试控制台中显示"python.html已保存"，同时左侧的"电脑文件"中新增了一个python.html文件。

"电脑文件"的目录就在C:\Users\nille\.mPython\project中，如图4.8所示。

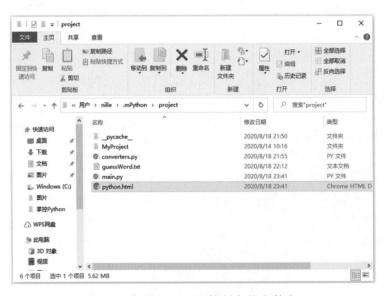

图4.8 新的HTML文件所在的文件夹

> **说 明**
>
> 在文件保存的目录C:\Users\nille\.mPython\project中，"nille"是笔者的用户名，读者在实际操作中要将这里换成自己的用户名。

打开这个HTML文件，显示的就是盛思科教官网的首页。

其实，我们所做的工作是"网页抓取"，这并不是理想的处理方式——很多机构都不喜欢人们使用自动程序来抓取它们的网页。因此，你可能会受到警告，甚至会被某些网站禁止访问。

其次，这种操作对网页结构有依赖性，网站上一点小小的改动都会阻断操作。比较好的方法是找到网站的官方服务接口，相对于返回的HTML，这些服务会返回更容易处理的数据（常见XML或JSON格式）。

如果想进一步学习，可以在网上搜索"Regular Expressions in Python"（在Python中的正则表达式）。正则表达式的语言有自己的规则，它常被用于复杂的搜索和文本的验证。这种语言的学习和使用不太容易，但是执行文本处理这样的任务却非常容易。

█ 练　习

尝试完成一个计算距离目标日期还有几天的小程序：计算在某个日期之前还剩下多少天，输入年、月、日数字的整数后会显示"还剩下××天。"

○ 参考答案

先使用import语句导入datetime库的date对象，然后通过input函数输入年、月、日，根据输入的数值生成目标日期的date对象。接着，用today方法获取当天的日期，用目标日期减去今天的日期，就能知道剩下的天数。最后，用timedelta对象的days方法从时间差的date对象中获得天数。对应代码如下：

```
from datetime import date
y = int(input('哪一年？：'))
m = int(input('哪个月？：'))
d = int(input('哪一天？：'))
target_date = date(y,m,d)
today_date = date.today()
remaining = target_date-today_date
print('还剩下{}天。'.format(remaining.days))
```

第5章 掌控板的显示与输出

前面的章节介绍了Python的一些基础知识，从本章开始我们尝试利用这些基础知识实现对掌控板的控制与操作。

5.1 掌控板

5.1.1 简 介

掌控板正面的样子，我们在mPython界面中已经看到了。它本身并不只是一个微控制器，而是一个集成了很多外设的硬件模块。其正面与背面的布局如图5.1所示。

元件布局正面

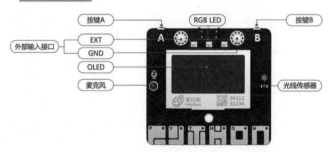

元件布局背面

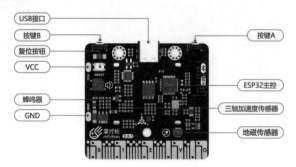

图5.1 掌控板的元件布局

　　掌控板的正面有三个全彩LED、一块OLED显示屏、一个麦克风、一个光线传感器。上面还有两个交互按键（按键A和按键B），在背面布局图当中也能看到。掌控板的背面有USB接口（用于连接电脑）、一个复位按钮、一个蜂鸣器、一个三轴加速度传感器、一个地磁传感器。掌控板的核心ESP32主控也在背面。

5.1.2　主要技术参数

1. ESP-32主控

　　（1）处理器：Tensilica LX6双核处理器（一核处理高速连接，一核独立应用开发）。

　　（2）主频：高达240MHz的时钟频率。

　　（3）SRAM：520KB。

　　（4）Flash：8MB。

　　（5）Wi-Fi标准：FCC/CE/TELEC/KCC。

　　（6）Wi-Fi协议：802.11 b/g/n/d/e/i/k/r（802.11n，速度高达150 Mbps）。

　　（7）频率范围：2.4～2.5 GHz。

　　（8）蓝牙协议：符合蓝牙v4.2 BR/EDR和BLE标准。

2. 供电方式

供电方式为Micro USB。

3. 工作电压

工作电压为3.3V。

4. 最大工作电流

最大工作电流为200mA。

5. 最大负载电流

最大负载电流为1000mA。

6. 板载资源

（1）三轴加速度计MSA300：测量范围为 ±2/4/8/16G。

（2）地磁传感器MMC5983MA：测量范围为 ±8 Gauss，精度为0.4mGz，电子罗盘误差为 ±0.5°。

（3）光线传感器。

（4）麦克风。

（5）3个全彩LED。

（6）1.3英寸[①]OLED显示屏，支持16×16字符显示，分辨率为128px[②]×64px。

（7）无源蜂鸣器。

（8）支持2个物理按键(A/B)、6个触摸按键。

（9）支持1路鳄鱼夹接口（正面的EXT），可接入各种阻性传感器。

7. 拓展接口

（1）20路数字I/O（金手指，支持12路PWM、6路触摸输入）。

（2）5路12位模拟输入ADC：P0～P4。

（3）1路外部输入鳄鱼夹接口：EXT/GND。

（4）支持I2C、UART、SPI通信协议。

5.1.3　扩展接口引脚功能

掌控板扩展接口（金手指）的引脚功能如图5.2所示。

图5.2中，蓝色标识部分是引脚编号（所有编号都以P开头），浅蓝色标识部分是对应的外设，浅橙色标识部分是引脚功能。各引脚的功能说明见表5.1。

---

① 1英寸=2.54cm。

② px：像素。

引脚定义正面
触摸引脚

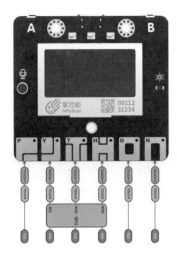

引脚定义背面
I/O引脚

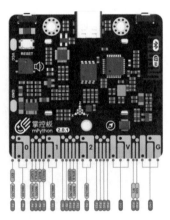

图5.2　掌控板的金手指引脚功能

表5.1　掌控板的金手指引脚功能说明

引　脚	类　型	说　明
P0	I/O	模拟/数字输入，模拟/数字输出，TouchPad
P1	I/O	模拟/数字输入，模拟/数字输出，TouchPad
P2	I	模拟/数字输入
P3	I	模拟/数字输入，连接掌控板EXT鳄鱼夹，可连接阻性传感器
P4	I	模拟输入/数字输入，连接掌控板光线传感器
P5	I/O	数字输入，模拟/数字输出，连接掌控板按键A，NeoPixel
P6	I/O	数字输入，模拟/数字输出，连接掌控板蜂鸣器（不使用蜂鸣器时可以作为数字I/O使用），NeoPixel
P7	I/O	数字输入，模拟/数字输出，连接掌控板全彩LED
P8	I/O	数字输入，模拟/数字输出，NeoPixel
P9	I/O	数字输入，模拟/数字输出，NeoPixel

引　脚	类　型	说　明
P10	I	模拟/数字输入，连接掌控板声音传感器
P11	I/O	数字输入，模拟/数字输出，连接掌控板按键B，NeoPixel
P12	I/O	数字输入，模拟/数字输出
P13	I/O	数字输入，模拟/数字输出，NeoPixel
P14	I/O	数字输入，模拟/数字输出，NeoPixel
P15	I/O	数字输入，模拟/数字输出，NeoPixel
P16	I/O	数字输入，模拟/数字输出，NeoPixel
3V3	POWER	电源正输入：连接USB时掌控板内部稳压输出3.3V，未接USB时可以通过输入2.7～3.6V电压为掌控板供电
P19	I/O	数字输入，模拟/数字输出，I²C总线SCL，与内部OLED和加速度传感器共享I²C总线，NeoPixel
P20	I/O	数字输入，模拟/数字输出，I²C总线SDA，与内部OLED和加速度传感器共享I²C总线，NeoPixel
GND	GND	电源GND
P23	I/O	TouchPad，对应掌控板正面的Touch_P
P24	I/O	TouchPad，对应掌控板正面的Touch_Y
P25	I/O	TouchPad，对应掌控板正面的Touch_T
P26	I/O	TouchPad，对应掌控板正面的Touch_H
P27	I/O	TouchPad，对应掌控板正面的Touch_O
P28	I/O	TouchPad，对应掌控板正面的Touch_N

5.2　控制全彩LED

了解掌控板之后，我们先试着控制掌控板正面的三个全彩LED。

5.2.1　mpython库

要通过Python实现对掌控板的控制，首先要导入mpython库。这是基于掌控板封装的专有库，内含板载资源相关功能函数。mpython库由多个对象组成，包括获取光线强度的light对象、获取声音大小的sound对象、获取加速度传感器数据的accelerometer对象、获取磁场信息的magnetic对象、获取掌控板AB按键状态的button_[a,b]对象、获取掌控板上6个触摸引脚P/Y/T/H/O/N的touchPad_[　]对象、控制3个全彩LED的rgb对象、控制OLED显示的oled对象等。

> **说　明**
>
> 掌控板2.0以上版本才有MMC5983MA磁力计。

5.2.2　rgb对象

rgb对象是控制掌控板上3个全彩LED显示的对象，其属性和方法见表5.2。

表5.2　**rgb**对象的属性和方法

名　称	含　义
rgb[]	用于存放颜色数据的列表。rgb[0]对应第1个全彩LED，rgb[1]对应第2个全彩LED，rgb[2]对应第3个全彩LED
write()	把颜色数据写入全彩LED中 颜色数据通过给列表rgb[n]赋值来完成，全彩LED需要红、绿、蓝三种颜色的数字，每种颜色的最大值为255，最小值为0 例如，rgb[0] = (50,0,0)表示第1个全彩LED的颜色值为(50,0,0)，即红色50，绿色0，蓝色0
fill(rgb_buf)	用一种颜色设定3个全彩LED，使用该方法之后还要使用write()让颜色改变生效
brightness(brightness)	全彩LED亮度调节，范围是0~1.0

5.2.3　模拟全彩LED显示

要控制硬件，首先要切换到"硬件编程"模式。在这个模式下，界面右侧显示掌控板正面，可以实现掌控板的仿真，参见第1章图1.6。本节先模拟一下掌控板上全彩LED的显示。

在"硬件编程"模式下切换为代码编程，此时界面左侧是空白的代码编辑区。先输入导入库的代码：

```
from mpython import rgb
```

接着，设定全彩LED的颜色数值。这里，设定第1个全彩LED的颜色数值为(255,0,0)，即红色；第2个全彩LED的颜色数值为(0,255,0)，即绿色；第3个全彩LED的颜色数值(0,0,255)，即蓝色。代码如下：

```
rgb[0] = (255,0,0)
rgb[1] = (0,255,0)
rgb[2] = (0,0,255)
```

最后，使用write()方法将颜色数据写入全彩LED。

完整代码如下：

```
from mpython import rgb

rgb[0] = (255,0,0)
rgb[1] = (0,255,0)
rgb[2] = (0,0,255)


rgb.write()
```

此时，点击掌控板图片下方的第一个"运行" ▶ 按钮，3个全彩LED就会
显示对应的颜色，如图5.3所示。

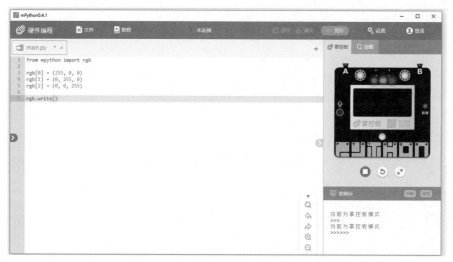

图5.3　模拟全彩LED显示不同的颜色

说　明

　　掌控板实际上是一块MicroPython微控制器板。MicroPython与之前介绍的
Python（通常称为CPython）不完全相同，MicroPython是专门针对嵌入式芯片开
发的，所以这里需要切换到"硬件编程"模式。MicroPython是Python 3语言的精
简高效实现，包括Python标准库的一小部分，经过优化可在微控制器和受限环境
中运行，适合运行在只有256K代码空间和16K RAM的芯片上。

MicroPython致力于与普通Python尽可能兼容，以便将代码从桌面传输到微控制器或嵌入式系统。另一方面，对MicroPython的了解越深，就越容易使用Python。

5.2.4 将代码刷入掌控板

要在掌控板上运行代码，先将掌控板通过USB连接线连到电脑上。此时，mPython会自动连接掌控板，软件界面上方中间的红点会变成绿色，同时后面的"未连接"会变为"已连接"，如图5.4所示。

图5.4 连接掌控板后软件界面的变化

说　明

如果软件没有自动连接掌控板，可以点击图示的下拉菜单选择对应的掌控板连接串行端口。想要断开系统连接，可以点击图示的下拉菜单选择断开连接。

连接硬件之后，选择"已连接"后的"运行/刷入"按钮，代码就会被写入掌控板并运行。这时，你就会看到实物掌控板上的LED也亮了。

5.3 交互式REPL

使用MicroPython的一个主要优势是可以使用REPL。REPL（Read-Evaluate-Print Loop）表示读取–求值–输出循环，有点像之前用的终端控制台（REPL也在硬件编程模式下的控制台进行，见图5.4的右下角）。基于REPL，控制板会立刻响应输入的代码，这样我们就能马上看到代码运行的结果。

5.3.1 串口连接

REPL通过USB接口转换的串口与控制板通信。通过串行端口建立连接后，可以按几次Enter键，测试它是否工作正常，正常工作时应该能看到Python REPL提示符——依然是熟悉的>>>。

说　明

不用mPython，通过串口终端软件也能使用交互式REPL。在Windows上，Kitty、xShell都是不错的串口终端软件。通信时，串口波特率要设置为115200。

5.3.2 使用REPL

与之前的章节类似，在提示符下输入以下内容：

```
>>>print('hello mPython')
hello mPython
```

也可通过REPL更改全彩LED的颜色。尝试在提示符下输入以下内容：

```
>>>rgb[0] = (128,128,0)
>>>rgb.write()
>>>
```

此时你会看到第1个全彩LED变成了黄色。

5.3.3 Tab键

在使用REPL时如果按下Tab键有补全输入的功能，利用这个功能还可以查看对象中所有成员列表。这对于找出对象的方法和属性非常有用。

例如，我们输入rgb.之后按下Tab键就能看到对象rgb的所有成员列表：

```
>>>rgb.
__class__          __getitem__        __init__          __module__
__qualname__       __setitem__        write             __dict__
fill               pin                n                 buf
brightness         ORDER              bpp               timing
_brightness
>>>rgb.
```

如果我们输入rgb.之后再接着输入w，然后按下Tab键，则会自动补全方法名write（因为以w开头的只有write）。

5.3.4 粘贴模式

在REPL中，按Ctrl-E键将进入特殊粘贴模式，可以将一大块文本复制并粘贴到REPL中。按Ctrl-E键，我们将看到粘贴模式提示：

```
paste mode;Ctrl-C to cancel,Ctrl-D to finish
===
```

此时就可以粘贴（或键入）你的文本了。请注意，没有任何特殊键或命令在粘贴模式下工作（如Tab或退格），只是按原样接收及显示。按Ctrl-D键能够完成文本输入并执行。

5.3.5 其他控制命令

在REPL中，还有其他4个控制命令：

（1）在空白行按下Ctrl-A键将进入原始REPL模式，类似于永久粘贴模式，不过这里不会回显字符。

（2）在空白处按下Ctrl-B键会转到正常的REPL模式。

（3）按下Ctrl-C键会取消任何输入，或中断当前运行的代码。

（4）在空白行按下Ctrl-D键将执行软重启。

5.4　"警灯闪烁"

本节，我们将实现一个两侧全彩LED（第1个和第3个）红蓝交替闪烁的例子。

5.4.1　sleep函数

要实现闪烁效果，需要导入mpython的sleep函数。

第一步，导入sleep函数：

```
from mpython import sleep
```

这个函数需要一个参数，表示停止的时间，单位是秒。如果闪烁的间隔时间是0.5秒，则代码如下：

```
sleep(0.5)
```

与sleep函数类似的还有sleep_ms和sleep_us函数，对应停止时间的参数单位分别是毫秒和微秒。

5.4.2　功能实现

由于闪烁效果要一直变换，所以这里需要用到while循环。对应的完整代码如下：

```
from mpython import rgb
from mpython import sleep

while True:
  rgb[0] = (255,0,0)   #红色
  rgb[2] = (255,0,0)
  rgb.write()

  sleep(0.5)

  rgb[0] = (0,0,255)   #蓝色
  rgb[2] = (0,0,255)
  rgb.write()

  sleep(0.5)
```

接着，点击"运行"按钮就会将代码写入掌控板并运行。这时，你会看到实物掌控板上两个全彩LED在红色和蓝色之间交替闪烁。不过，此时你可能注意到了，mPython软件界面的控制台无法输入信息了，始终停留在"代码已运行"状态，如图5.5所示。

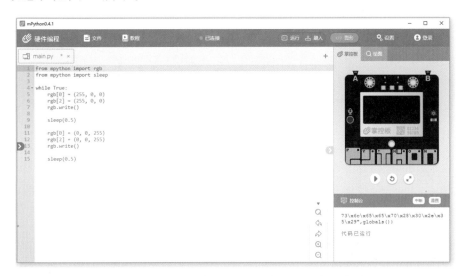

图5.5 控制台始终停留在"代码已运行"状态

这是因为此时的掌控板处于while循环当中，如果我们希望进入交互式REPL，或者希望停止程序运行，可以按下Ctrl-C键，或者按下控制台右上角的"中断"按钮。当你又看到提示符>>>的时候，表示程序已经停止了。

5.5 "水平仪"

至此，我们大概了解了在"硬件编程"模式下如何为掌控板编写Python代码，并通过代码实现掌控板上3个全彩LED的显示。本节，我们试着在掌控板正中的OLED上显示内容，并结合三轴加速度传感器实现"水平仪"。

5.5.1 oled对象

oled对象是控制掌控板上OLED显示屏的对象。我们可以在使用REPL时查看oled对象中所有成员列表：

```
>>>oled.
```

```
__class__              __init__              __module__            __qualname__
__dict__               f                     Bitmap                RoundRect
addr                   bitmap                blit                  buffer
circle                 drawCircleHelper                            fill
fill_circle            fill_rect             fill_triangle         height
hline                  invert                line                  pixel
quarter_circle         rect                  round_rect            scroll
show                   text                  triangle              vline
width                  i2c                   init_display          poweroff
poweron                contrast              external_vcc          pages
write_cmd              write_data            temp                  DispChar
DispChar_font
>>>oled.
```

oled对象的主要方法如下：

（1）poweron()，用于点亮显示屏，无返回值、无参数。

（2）poweroff()，用于关闭显示屏，无返回值、无参数。

（3）contrast(brightness)，用于设置显示屏亮度，参数见表5.3。

表5.3　contrast(brightness)的参数说明

参　　数	说　　明
brightness	亮度，范围为0～255
返回值	无

（4）invert(n)，设置反显，参数见表5.4。

表5.4　invert(n)的参数说明

参　　数	说　　明
n	当n = 0时，设定的像素点点亮；当n = 1时，反显。启动时默认设定像素点点亮
返回值	无

（5）DispChar(s,x,y,mode = TextMode.normal)，用于文本显示，采用Google Noto Sans CJK开源无衬线字体。字体高16像素，支持英文、简体中文、繁体中文、日文和韩文。显示字符串超出显示屏宽度时可自动换行。参数见表5.5。

表5.5　DispChar(s,x,y,mode = TextMode.normal)的参数说明

参　　数	说　　明
s	需要显示的文本

续表5.5

参　数	说　明
x	文本左上角的x坐标。OLED显示屏左上角的坐标为（0，0），向右移时x的值增大，向下移时y的值增大
y	文本左上角的y坐标
mode	设置文本模式，默认为TextMode.normal TextMode.normal：普通模式，文本显示为白色，背景为黑色 TextMode.rev：反显模式，文本显示为黑色，背景为白色 TextMode.trans：透明模式，透明文本意味着文本被写在显示中已经可见的内容之上。不过，以前屏幕上的内容仍然可以看到。相对于normal，背景将被当前选择的背景颜色所替代 TextMode.xor：XOR模式。如果背景是黑色的，效果与默认模式（normal）相同；如果背景为白色，则文本反显
返回值	（字符总像素点宽度，续接显示的x、y坐标）的二元组

（6）oled.show()，显示生效，无返回值、无参数。

（7）fill(c)，设定整个屏幕点亮或熄灭，参数见表5.6。

表5.6　fill(c)的参数说明

参　数	说　明
c	当c = 1时，像素点点亮；当c = 0时，像素点熄灭
返回值	无

（8）circle(x,y,radius,c)，绘制圆圈，参数见表5.7。

表5.7　circle(x,y,radius,c)的参数说明

参　数	说　明
x	圆心的x坐标
y	圆心的y坐标
radius	圆的半径
c	当c = 1时，像素点点亮；当c = 0时，像素点熄灭
返回值	无

（9）fill_circle(x,y,radius,c)，绘制实心圆，参数见表5.8。

表5.8　fill_circle(x,y,radius,c)的参数说明

参　数	说　明
x	圆心的x坐标
y	圆心的y坐标

续表5.8

参　数	说　明
radius	圆的半径
c	当c = 1时，像素点点亮；当c = 0时，像素点熄灭
返回值	无

（10）triangle(x0,y0,x1,y1,x2,y2,c)，绘制三角形，参数见表5.9。

表5.9　**triangle(x0,y0,x1,y1,x2,y2,c)**的参数说明

参　数	说　明
x0	三角形第一个点的x坐标
y0	三角形第一个点的y坐标
x1	三角形第二个点的x坐标
y1	三角形第二个点的y坐标
x2	三角形第三个点的x坐标
y2	三角形第三个点的y坐标
c	当c = 1时，像素点点亮；当c = 0时，像素点熄灭
返回值	无

（11）fill_triangle(x0,y0,x1,y1,x2,y2,c)，绘制实心三角形，参数见表5.10。

表5.10　**fill_triangle(x0,y0,x1,y1,x2,y2,c)**的参数说明

参　数	说　明
x0	三角形第一个点的x坐标
y0	三角形第一个点的y坐标
x1	三角形第二个点的x坐标
y1	三角形第二个点的y坐标
x2	三角形第三个点的x坐标
y2	三角形第三个点的y坐标
c	当c = 1时，像素点点亮；当c = 0时，像素点熄灭
返回值	无

（12）rect(x,y,w,h,c)，绘制矩形，参数见表5.11。

表5.11　**rect(x,y,w,h,c)**的参数说明

参　数	说　明
x	矩形左上角的x坐标
y	矩形左上角的y坐标
w	矩形的宽度
h	矩形的高度
c	当c = 1时，像素点点亮；当c = 0时，像素点熄灭

续表5.11

参　数	说　明
返回值	无

（13）fill_rect(x,y,w,h,c)，绘制实心矩形，参数见表5.12。

表5.12　**fill_rect(x,y,w,h,c)**的参数说明

参　数	说　明
x	矩形左上角的x坐标
y	矩形左上角的y坐标
w	矩形的宽度
h	矩形的高度
c	当c = 1时，像素点点亮；当c = 0时，像素点熄灭
返回值	无

（14）RoundRect(x,y,w,h,r,c)，绘制圆角矩形，参数见表5.13。

表5.13　**RoundRect(x,y,w,h,r,c)**的参数说明

参　数	说　明
x	矩形左上角的x坐标
y	矩形左上角的y坐标
w	矩形的宽度
h	矩形的高度
r	圆弧角半径
c	当c = 1时，像素点点亮；当c = 0时，像素点熄灭
返回值	无

（15）bitmap(x,y,bitmap,w,h,c)，绘制位图，参数见表5.14。

表5.14　**bitmap(x,y,bitmap,w,h,c)**的参数说明

参　数	说　明
x	图像左上角的x坐标
y	图像左上角的y坐标
bitmap	位图的字节数组
w	图像的宽度
h	图像的高度
c	当c = 1时，设定的像素点点亮；当c = 0时，反显
返回值	无

（16）blit(bitmap,x,y)，绘制位图，参数见表5.15。相对于bitmap，blit不需要输入图像大小以及参数c。

表5.15　**blit(bitmap,x,y)的参数说明**

参　数	说　明
x	图像左上角的x坐标
y	图像左上角的y坐标
bitmap	位图的字节数组
返回值	无

（17）line(x0,y0,x1,y1,c)，绘制一条直线，参数见表5.16。

表5.16　**line(x0,y0,x1,y1,c)的参数说明**

参　数	说　明
x0	直线一点的x坐标
y0	直线一点的y坐标
x1	直线另一点的x坐标
y1	直线另一点的y坐标
c	当c = 1时，设定的像素点点亮；当c = 0时，反显
返回值	无

（18）hline(x,y,l,c)，绘制一条水平的直线，参数见表5.17。

表5.17　**hline(x,y,l,c)的参数说明**

参　数	说　明
x	直线左侧起点的x坐标
y	直线左侧起点的y坐标
l	直线的长度
c	当c = 1时，像素点点亮；当c = 0时，像素点熄灭
返回值	无

（19）vline(x,y,l,c)，绘制一条垂直的直线，参数见表5.18。

表5.18　**vline(x,y,l,c)的参数说明**

参　数	说　明
x	直线顶端起点的x坐标
y	直线顶端起点的y坐标
l	直线的长度
c	当c = 1时，像素点点亮；当c = 0时，像素点熄灭
返回值	无

说　明

OLED显示屏属于I^2C设备，通过oled对象的addr属性可以知道其I^2C地址。

尝试在使用REPL时输入以下内容：

```
>>>oled.addr
```

你会得到OLED显示屏的I^{2}C地址为60。

5.5.2 accelerometer对象

accelerometer对象是获取加速度传感器数据的对象。利用accelerometer对象可以获取三轴加速度计值，单位为g。加速度测量范围为$\pm2g$/ $\pm4g$/ $\pm8g$/ $\pm16g$，默认为$\pm2g$。我们可以在使用REPL时查看accelerometer对象中的所有成员列表：

```
>>>accelerometer.
__class__          __init__          __module__        __qualname__
range              __dict__          addr              i2c
get_x              get_y             get_z             RANGE_2G
RANGE_4G           RANGE_8G          RANGE_16G         RES_14_BIT
RES_12_BIT         RES_10_BIT        _readReg          _writeReg
set_resolustion                      set_range         set_offset
>>>accelerometer.
```

掌控板上的3个轴向如图5.6所示，指向金手指的是x轴正方向，指向麦克风的是y轴正方向，垂直向上的是z轴正方向。

了解3个轴向后，接下来介绍一下accelerometer对象的主要方法：

（1）get_x()，获取x轴方向的加速度测量值。该方法没有参数，返回值即为测得的加速度值。

（2）get_y()，获取y轴方向的加速度测量值。该方法没有参数，返回值即为测得的加速度值。

（3）get_z()，获取z轴方向的加速度测量值。该方法没有参数，返回值即为测得的加速度值。

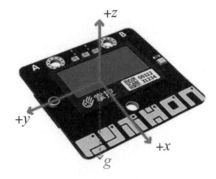

图5.6　掌控板上的3个轴向

（4）set_range(range)，设置加速度值的测量范围，默认为 ±2g。参数见表5.19。

表5.19　set_range(range)的参数说明

参　数	说　明
range	该参数对应4个选项： RANGE_2G对应 ±2g RANGE_4G对应 ±4g RANGE_8G对应 ±8g RANGE_16G对应 ±16g 注意，测量范围选得越大，精度越差
返回值	无

（5）set_resolustion(resolution)，设置加速度分辨率，默认为10位。参数见表5.20。

表5.20　set_resolustion(resolution)的参数说明

参　数	说　明
resolution	该参数对应3个选项： RES_14_BIT对应14位分辨率 RES_12_BIT对应12位分辨率 RES_10_BIT对应10位分辨率
返回值	无

（6）set_offset(x = None,y = None,z = None)，校准加速度计3个轴（x，y，z）的加速度值偏差。一般情况下无须校准，用于加速度值偏差较大时加以修正。注意，校准数据断电后不会保存。x、y、z为调整偏差值，可修正范围为 ±1g。

5.5.3　显示加速度计的值

了解oled对象和accelerometer对象的常用方法之后，本节介绍如何在OLED显示屏上以数字的形式显示3个轴向的加速度值。

首先，第一步依然是导入oled对象和accelerometer对象。这里，我们直接把mpython的所有内容都导入进来：

```
from mpython import *
```

接着，分别在三行显示字母x、y、z，表示之后会显示相应轴向的加速度值。整个显示屏的高度是64，所以三个字母的显示位置分别为（0，0）、（0，20）和（0，40）。对应的代码如下：

```
oled.DispChar("x",0,0)
oled.DispChar("y",0,20)
oled.DispChar("z",0,40)
oled.show()
```

别忘了通过show方法让显示生效。最后就是显示相应的加速度值了，使用的方法依然是DispChar，不过其中的第一个参数要改成获取的加速度值（利用accelerometer对象的方法get_x()、get_y()和get_z()）。另外，显示位置的x值通通要往后移，变为20。对应的完整代码如下：

```
from mpython import *

while True:
    oled.fill(0)
    oled.DispChar("x",0,0)
    oled.DispChar("y",0,20)
    oled.DispChar("z",0,40)

    oled.DispChar(str(accelerometer.get_x()),20,0)
    oled.DispChar(str(accelerometer.get_y()),20,20)
    oled.DispChar(str(accelerometer.get_z()),20,40)
    oled.show()
```

这段代码中还有三点要说明：

（1）为了持续显示变化的加速度值，显示的代码要放在while循环中。

（2）每次更新显示时要通过oled对象的fill方法将显示屏上的内容清除掉。

（3）由于accelerometer对象的方法get_x()、get_y()和get_z()返回的值都是浮点数，因此需要通过str函数将它们转换为字符串用于显示。

点击"运行"按钮将代码写入掌控板并运行，掌控板上就会出现图5.7所示的内容。

图5.7中的掌控板是显示屏向上平放在桌面上的，所以可以看到z轴的值是-1，即重力加速度在z轴的负方向上。

图5.7 在掌控板上显示3个轴向的加速度值

晃动掌控板的时候，能看到这三个值在变化，显示的是运动加速度与重力加速度在3个轴向上的分量加和。如果掌控板静止在一个状态，对应的值就只是重力加速度在3个轴向上的分量。

说　明

mPython的硬件仿真功能不支持加速度计的仿真，所以模拟运行时显示屏上出现的数字是0。不过，当我们点击掌控板图片中的麦克风或光敏传感器时，就会弹出一个调整传感器数值的调节框（见图5.8）。在这个调节框中能调整3个轴向上的加速度值，以及麦克风、光敏传感器检测到的值。现在，当我们调整加速度值的时候，对应的显示屏上的数字就会变化。不过这个调整值的小数点后只有两位。

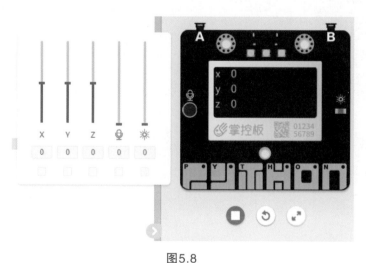

图5.8

5.5.4 图形化的"水平仪"

顺利获取加速度计的数据之后，下面尝试制作一个图形化的"水平仪"：在显示屏上显示由3个圆圈组成的像靶子一样的图案，而3个圆圈上有一个随着掌控板姿态变化位置的实心圆，效果如图5.9所示。

图5.9 "水平仪"的效果

第一步是绘制一个靶子的图案。图中3个圆圈的圆心都在显示屏的正中，因此圆心都是（64，32），而半径分别是5、15、25。绘制靶子图案的代码如下：

```
from mpython import *

while True:
    oled.fill(0)
    oled.circle(64,32,5,1)
    oled.circle(64,32,15,1)
    oled.circle(64,32,25,1)
    oled.show()
```

考虑到放置了实心圆之后要不断刷新显示，因此绘制靶子的图案放在一个while循环中。

第二步是绘制位置会随着加速度值不断变化的实心圆。这个实心圆就好像"水平仪"中的气泡。掌控板平放的时候，实心圆在靶子正中。当掌控板x轴正方向向下倾斜的时候，实心圆要向上移动；当掌控板x轴负方向向下倾斜的时候，实心圆要向下移动。同样，当掌控板y轴正方向向下倾斜的时候，实心圆要向右移动；当掌控板y轴负方向向下倾斜的时候，实心圆要向左移动。通过以上的描述能发现，这里只用到了x方向和y方向的加速度值。

加速度值的范围大概在±1之间（静止状态只会受到重力加速度的影响），而实心圆的圆心在靶子中心半径30的范围内。由此能得到实心圆的圆心位置为新建变量x、y表示的实心圆圆心。

```
x = int(64 + accelerometer.get_y()*30)
y = int(32 - accelerometer.get_x()*30)
```

<table>
<tr><td>

说　明
</td></tr>
</table>

说　明

　　这里一定要注意对于显示屏来说x为水平方向，y为竖直方向。另外还要注意方向的正负（思考一下为什么圆心x坐标的计算用加法，而圆心y坐标的计算用减法）。

　　最后，"水平仪"（实现圆的半径为4）的完整代码如下：

```
from mpython import *

while True:
    oled.fill(0)
    oled.circle(64,32,5,1)
    oled.circle(64,32,15,1)
    oled.circle(64,32,25,1)
    x = int(64 + accelerometer.get_y()*30)
    y = int(32 - accelerometer.get_x()*30)
    oled.fill_circle(x,y,4,1)
    oled.show()
```

▌练　习

　　尝试制作一个带有时针、分针的计时器：当程序运行或掌控板复位后，计时器就会从零开始计时，同时左上角会以数字的形式显示计时器运行的天数，而左下角会显示秒数。运行时的效果如图5.10所示。

图5.10　计时器的运行效果

○ 参考答案

（1）使用import语句导入mpython库，并建立4个变量d、h、m、s，用来保存"天""小时""分""秒"的值。其中，"天"为第一天，因此值为1，其他的值都是0。对应的代码如下：

```
from mpython import *

d = 1
h = 0
m = 0
s = 0
```

（2）绘制表盘，显示天数和秒数。表盘的半径为30，对应的代码如下：

```
while True:
  oled.fill(0)
  oled.circle(64,32,30,1)
  oled.DispChar("第" + str(d) + "天",0,0)
  oled.DispChar(str(s),0,48)
  oled.show()
```

（3）设定时间的变化。这里简单处理一下，直接利用sleep函数更改s的值。当s的值为60时，m的值加1；当m的值为60时，h的值加1；当h的值为24时，d的值加1。对应的代码如下：

```
while True:
  oled.fill(0)
  oled.circle(64,32,30,1)
  oled.DispChar("第" + str(d) + "天",0,0)
  oled.DispChar(str(s),0,48)
  oled.show()
  sleep(1)
  s = s + 1
  if s == 60:
    s = 0
    m = m + 1
    if m == 60:
      m = 0
      h = h + 1
      if h == 24:
        h = 0
        d = d + 1
```

（4）绘制分针。这个稍微有点麻烦，我们要将分钟的值转换成一条有一定倾斜角度的线段。分针要稍微长一些，这里设定为28。角度简单换算一下，一圈是360°（即2π），对应1小时（60分钟），即每分钟6°（即π/30）。所以，分针的角度就是当前值乘以π/30（代码中π写为math.pi）。

有了角度，我们还需要通过角度得到线段两个端点的坐标。这要用到三角函数，对应的关系如图5.11所示。

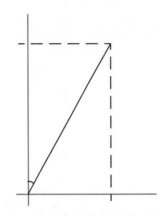

图5.11　获取分针线段两个端点的值

假设角度为α（对钟表指针来说上面是0°），线段长度为1，那么线段上面那个点的坐标相对于线段下面这个点的位置就是（1×sin α，1×cos α）。这里，线段下面这个点的位置为（64，32），分针的绘制代码（注意导入math库）如下：

```
oled.line(64,
    32,
    64 + int(28*math.sin(m*math.pi/30)),
    32 - int(28*math.cos(m*math.pi/30)),
    1)
```

（5）绘制时针：过程与绘制分针类似，不同的是角度计算方法。若只算小时，一圈360°，对应12小时，则1小时为30°（即π/6）。另外，30°还对应1小时（60分钟），也就是1分钟0.5°（即π/360）。因此，时针的角度就是 $h \times \pi/6 + m \times \pi/360$。根据分针线段坐标的计算方式，时针的绘制代码（设定时针长度为20）如下：

```
oled.line(64,
    32,
```

```
64 + int(20*math.sin(h%12*math.pi/6 + m*math.pi/360)),
32 - int(20*math.cos(h%12*math.pi/6 + m*math.pi/360)),
1)
```

（6）增加刻度指示（图5.10中没有）。截至目前，计时器的表盘只有一个圆圈，这样显示时间很不直观。我们可以在表盘上加一圈刻度指示：从中心开始画12条等角度的发散线段，中间用黑色实心圆覆盖。计时器的完整代码如下（红色部分为增加刻度的内容）：

```
from mpython import *
import math

d = 1
h = 0
m = 0
s = 0

while True:
  oled.fill(0)
  oled.circle(64,32,30,1)

  for x in range(0,12):
    oled.line(64,
      32,
      64 + int(30*math.sin(x*math.pi/6)),
      32 - int(30*math.cos(x*math.pi/6)),
      1)
    oled.fill_circle(64,32,28,0)

  oled.DispChar("第" + str(d) + "天",0,0)
  oled.DispChar(str(s),0,48)
  oled.line(64,
      32,
      64 + int(28*math.sin(m*math.pi/30)),
      32 - int(28*math.cos(m*math.pi/30)),
      1)
  oled.line(64,
      32,
      64 + int(20*math.sin(h%12*math.pi/6 + m*math.pi/360)),
      32 - int(20*math.cos(h%12*math.pi/6 + m*math.pi/360)),
      1)
  oled.show()
```

```
sleep(1)
s = s + 1
if s == 60:
  s = 0
  m = m + 1
  if m == 60:
    m = 0
    h = h + 1
    if h == 24:
      h = 0
      d = d + 1
```

　　这里没有表示小时的时间是大于12还是小于12，读者可以自己增加一部分指示信息，可以是图像，也可以是文字。

第6章 音乐盒

掌控板的背面有一个蜂鸣器，我们可以通过这个蜂鸣器发出声音，甚至是播放音乐。本章内容就围绕蜂鸣器展开。

6.1 声音与音阶

6.1.1 声 音

声音是物体振动产生的一种波，可以通过介质（空气或固体、液体）传播并能被人或动物的听觉器官所感知。当演奏乐器、拍打一扇门或者敲击桌面时，物体的振动会引起介质——空气分子有节奏地振动，使周围的空气产生疏密变化，形成疏密相间的纵波，这就产生了声波。这种现象会一直延续到振动消失为止。最初发出振动的物体叫做声源。物体在1秒钟之内振动的次数叫做频率，单位是赫兹[Hz]。频率在20Hz～20kHz的声波是可以被人耳识别的，人耳对1kHz～3kHz的声波最敏感。频率超过听域的声波叫做超声波，低于听域的声波叫做次声波。

声音的高低叫做音调，它取决于声音的频率。对于一定强度的纯音，音调随频率的升降而升降。我们通常用1234567（do re mi fa sol la si）或CDEFGAB来表示音调的高低。

6.1.2 音 阶

通常使用的1234567（do re mi fa sol la si）或CDEFGAB中，每个符号表示一个频率值。这些频率值是按照阶梯状递增排列的，因此这样的符号就被称为音阶。

理论上频率值按照由低到高或者由高到低以阶梯状排列起来的都叫做音阶。1234567（do re mi fa sol la si）或CDEFGAB只是世界上众多音阶中的一种，被称为自然七声音阶。这是一种广泛使用的音阶，我们看到的乐谱基本都是用自然七声音阶来表示的。那么，各个音阶与频率值的对应关系是什么？

要回答这个问题，还需要了解十二平均律。十二平均律又称"十二等程律"，是一种音乐定律方法：简单来讲就是将一个八度音程（八度音指的是频率加倍）按频率比例地分成十二等份（注意不是线性的），每等份称为一个半音。半音是十二平均律中最小的音高距离，全音由两个半音组成。钢琴就是根据十二平均律定音的。你肯定注意到了钢琴的琴键是黑白相间的，如图6.1所示。

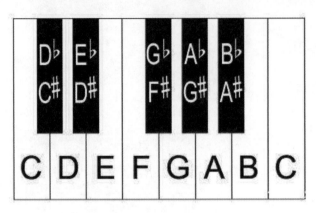

图6.1　钢琴琴键

白键C（do）和D（re）之间是一个全音，它们中间有一个黑键，可以表示D^b或$C^\#$——这个音与C和D各差一个半音。白键D（re）和E（mi）之间也是一个全音，它们中间也有一个黑键，可以表示E^b或$D^\#$——这个音与D和E各相差一个半音。之后，白键E（mi）和F（fa）之间是一个半音，所以中间没有黑键。再往后的情况类似，F和G之间、G和A之间、A和B之间都是全音，而B和下一个八度音程的C之间是一个半音。

国际标准音规定，钢琴中音A的频率是为440Hz；相邻半音的频率比值为$2^{\frac{1}{12}} \approx 1.059463$。依据这两个数值，我们就可以得到每个音阶的频率，见表6.1（这里只列出了高音、中音、低音3个八度音程）。

表6.1　音调与频率对照表

低音	C	131Hz	中音	C	262Hz	高音	C	523Hz
	$C^\#$	139Hz		$C^\#$	277Hz		$C^\#$	554Hz
	D	147Hz		D	294Hz		D	587Hz
	$D^\#$	156Hz		$D^\#$	311Hz		$D^\#$	622Hz

低 音	E	165Hz	中 音	E	330Hz	高 音	E	659Hz
	F	175Hz		F	349Hz		F	698Hz
	F#	185Hz		F#	370Hz		F#	740Hz
	G	196Hz		G	392Hz		G	784Hz
	G#	208Hz		G#	415Hz		G#	831Hz
	A	220Hz		A	440Hz		A	880Hz
	A#	233Hz		A#	466Hz		A#	932Hz
	B	247Hz		B	494Hz		B	988Hz

6.1.3 宫商角徵羽

宫商角（jué）徵（zhǐ）羽是中国古乐的五个基本音阶，是古人依发音部位对声音的分类和表记方式：宫—喉音、商—齿音（口腔后半部分）、角—牙音（口腔前半部分）、徵—舌音、羽—唇音。宫商角徵羽相当于七声音阶的C（do，宫）、D（re，商）、E（mi，角）、G（sol，徵）、A（la，羽）。

最早的"宫商角徵羽"见于距今2600余年的春秋时期，那时的《管子·地员篇》中就有采用数学运算方法获得宫、商、角、徵、羽5个音的科学办法，即三分损益法。

三分损益法简单来说分为两步，第一步通过把一根弦减少三分之一来获得比原弦音高要高的音（三分损一），第二步把新的音延长三分之一来获得比新音高要低的音（三分益一），两步合起来就称为三分损益法。

以中音C的262Hz为例，这个音就相当于宫。第1次计算三分损一，相当于新弦是老弦的2/3，得到新的声音频率为262 × 3/2 = 393，参照表6.1可知这个音对应G，相当于徵。第2次计算三分益一，得到新的声音频率为393 ÷ 4/3 ≈ 294（如果将弦延长三分之一，那么老弦相当于新弦的3/4），参照表6.1可知这个音对应D，相当于商。第3次计算三分损一，得到新的声音频率为294 × 3/2 = 441，参照表6.1可知这个音对应A，相当于羽。第4次计算三分益一，得到新的声音频率为441 ÷ 4/3 ≈ 330，参照表6.1可知这个音对应E，相当于角。这样，通过两次三分损益法就得到了宫商角徵羽5个音。

> **说　明**
>
> 中国古乐的音阶中还有$F^\#$和B。接着上述宫商角徵羽频率的计算，如果将角三分损一，则得到B；将B三分益一，则得到$F^\#$。再往后计算就到下一个八音了，因此就不往下计算了。而这两个音中，B和下一个八音的C（宫）比较近（一个半音，古乐中称B为"变宫"），而$F^\#$和G（徵）比较近（古乐中称$F^\#$为"变徵"）。或许是因为五音与五行暗合，所以这两个音没有单独的名字。

6.2　让蜂鸣器发声

6.2.1　music库

想让蜂鸣器发声，首先要导入music库。这个库中包含了播放声音的函数和属性，常用的函数如下。

（1）set_tempo(ticks = 4,bpm = 120)，用于设置播放节奏，参数见表6.2。

表6.2　set_tempo(ticks = 4,bpm = 120)的参数说明

参　数	说　明
ticks	音符时值，整数。默认为4，即四分音符为一拍。如果只改变音符时值，则代码可写为 `music.set_tempo(ticks = 8)` （只改变音符时值，改为八分音符为一拍）
bpm	节拍速度，整数，单位为bpm（每分钟节拍数）。如果只改变节拍速度，则代码可写为 `music.set_tempo(bpm = 180)` （只改变节拍速度）
返回值	无

（2）get_tempo()，用于获取播放节奏。该函数无参数，返回值为由音符时值和节拍速度组成的元组。

（3）play(music,pin = 6,wait = True,loop = False)，用于播放声音。参数见表6.3。

表6.3　**play(music,pin = 6,wait = True,loop = False)** 的参数说明

参　　数	说　　明
music	要播放的音调或声音
pin	掌控板上默认为P6引脚，见图5.2及表5.1
wait	等待音乐播放完，如果设置为True，则等待
loop	如果设置为True，则循环播放，直到stop函数被调用（见下文）
返回值	无

（4）pitch(frequency,duration = -1,pin = Pin.P6,wait = True)，用于播放指定频率的声音，参数见表6.4。

表6.4　**pitch(frequency,duration = -1,pin = Pin.P6,wait = True)** 的参数说明

参　　数	说　　明
frequency	要播放声音的频率
duration	播放声音的时间，单位为毫秒[ms]。如果duration为负，则连续播放频率，直到stop函数被调用（见下文）
pin	掌控板默认为P6引脚，见图5.2及表5.1
wait	等待音乐播放完，如果设置为True，则等待
返回值	无

（5）stop()，用于停止音乐播放，无参数，无返回值。

（6）reset()，用于重置各属性值，包括ticks = 4、bpm = 120、duration = 4。

6.2.2　播放声音

可以在使用REPL时导入music并查看一下库中的函数与属性：

```
>>>import music
>>>music.
__class__              __init__              __name__              stop
BADDY                  BA_DING               BIRTHDAY              BLUES
CAI_YUN_ZHUI_YUE                             CHASE                 DADADADUM
DONG_FANG_HONG         ENTERTAINER           FUNERAL               FUNK
GE_CHANG_ZU_GUO                              JUMP_DOWN             JUMP_UP
MO_LI_HUA              NYAN                  ODE                   POWER_DOWN
POWER_UP               PRELUDE               PUNCHLINE             PYTHON
RINGTONE               TEST                  WAWAWAWAA             WEDDING
YI_MENG_SHAN_XIAO_DIAO                       ZOU_JIN_XIN_SHI_DAI
get_tempo              pitch                 play                  reset
```

```
set_tempo
>>>music.
```

我们能在其中看到上一节介绍的函数，以及很多内置音乐的名称（全部是大写字母的就是内置音乐）。

说　明

关于内置音乐，之后的章节中会有专门的介绍。

使用REPL时也可以直接播放声音，我们使用pitch函数试试。这里播放1秒频率为1000Hz的声音，对应操作如下：

```
>>>music.pitch(1000)
>>>music.stop()
>>>
```

由于pitch函数中只有一个表示频率的参数，所以之后要用stop函数让掌控板停止播放声音。如果希望播放一段时间的声音，可以再增加一个表示时间的参数：

```
>>>music.pitch(1000,1000)
>>>
```

这两个参数中，第一个表示频率，第二个表示播放时间。

6.2.3 "光强百灵鸟"

基于pitch函数，我们试着制作一个"光强百灵鸟"：通过光线来改变发声的频率，效果就好像一只百灵鸟在叽叽喳喳，非常有趣。

第一步是获取光线的强度，需要导入mpython库，并利用light对象的read方法。该方法没有参数，返回值是板载光线传感器的值，范围为0~4095。接着，把这个值作为参数代入pitch函数。完整代码如下：

```
from mpython import light
import music

while True:
```

```
x = light.read()
if x > 20:
  music.pitch(x,wait = False)
else:
  music.stop()
```

这里还设定了一个阈值,只有当光线传感器的返回值大于20时,才调用 pitch函数让蜂鸣器发声,否则就调用stop函数停止声音播放。

6.3 播放音乐

6.3.1 音符格式

在掌控板中,可以使用固定格式的音符来表示不同的音调及音符时值。这个格式由两部分组成,第一部分为音调,第二部分为音符时值。两个部分之间用冒号(:)连接。

音调部分可参考表6.1,但表中只列出了高音、中音、低音三个八度音程。低音C的频率为131,如果低8个音程,则对应C的频率为65;如果再低8个音程,则对应C的频率为32;再低8个音程,C的频率就超出了人耳可识别的范围。我们将这8个音程定义为第0个八音程,相应的音调表示为c0、d0、e0、f0、g0、a0和b0;之后的8个音程定义为第1个八音程,相应的音调就表示为c1、d1、e1、f1、g1、a1和b1;往后的音调依此类推,中音八度音程的音调就表示为c4、d4、e4、f4、g4、a4和b4。音调还可以增加"#"号,表示升高半音,如中音C#就表示为c#4。另外,r表示不发声。

音符时值用数字表示,单位是节拍。

参照这个音符格式说明,可以尝试将一段简单的音乐用这种格式写出来。在网上找一段乐谱,如《铃儿响叮当》,如图6.2所示。

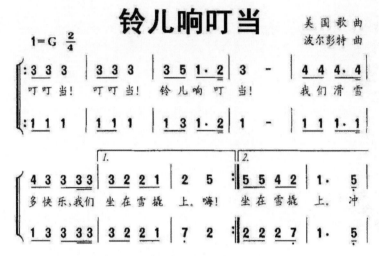

图6.2 《铃儿响叮当》的一小节

如果用一个列表notes来保存这种格式的曲谱，则对应列表的内容为

```
notes = ['e4:2','e4:2','e4:4','e4:2','e4:2','e4:4','e4:2','g4:2','c4:3',
    'd4:1','e4:8','f4:2','f4:2','f4:3','f4:1','f4:2','e4:2','e4:2',
    'e4:1','e4:1','e4:2','d4:2','d4:2','c4:2','d4:4','g4:4']
```

6.3.2 播放音符列表

有了音符列表之后，我们就让掌控板演奏这一小段音乐。使用的是play函数，对应的代码如下：

```
import music

notes = ['e4:2','e4:2','e4:4','e4:2','e4:2','e4:4','e4:2','g4:2','c4:3',
    'd4:1','e4:8','f4:2','f4:2','f4:3','f4:1','f4:2','e4:2','e4:2',
    'e4:1','e4:1','e4:2','d4:2','d4:2','c4:2','d4:4','g4:4']

music.play(notes)
```

这里，play函数中的其他参数使用的是默认值，所以代码中只有一个参数，即要播放的音符列表。该参数也可以就是一个字符串。当参数为字符串时，必须按照音符格式来写，即表示播放单个音符。

可以在使用REPL时试试播放单个音符。假如单独播放中音的宫商角徵羽五个音（时常是4拍），则输入如下内容：

```
>>>music.play("c4:4")
>>>music.play("d4:4")
>>>music.play("e4:4")
>>>music.play("g4:4")
>>>music.play("a4:4")
>>>
```

6.4　内置音乐

为了方便用户，掌控板中内置了不少音乐，只要将音乐的名字作为参数带入play函数即可播放这些音乐。本节，我们就利用这些音乐制作一个音乐播放器。

6.4.1　内置音乐列表

掌控板中内置的音乐见表6.5。

表6.5　掌控板中内置的音乐

序　号	音乐名称	说　明
1	DADADADUM	贝多芬第五交响曲《命运》前奏
2	ENTERTAINER	斯科特乔普林的经典作品*The Entertainer*的前奏
3	PRELUDE	JSBach一首C大调前奏曲的前奏
4	ODE	贝多芬第七交响曲D小调《欢乐颂》
5	NYAN	*Nyan Cat*主题曲
6	RINGTONE	类似手机铃声的音乐
7	FUNK	《秘密特工》主题的低音音乐
8	BLUES	一首蓝调低音音乐
9	BIRTHDAY	《生日歌》
10	WEDDING	来自瓦格纳歌剧*Lohengrin*的新娘合唱
11	FUNERAL	肖邦的2号钢琴奏鸣曲
12	PUNCHLINE	表示有趣的事情正在发生的一个音乐片段
13	PYTHON	《巨蟒组的飞行马戏团》的主题曲
14	BADDY	表示坏人登场的一个音乐片段
15	CHASE	表示场景切换的一个音乐片段
16	BA_DING	类似提示音的一个短音调
17	WAWAWAWAA	表示悲伤的一个音乐片段
18	JUMP_UP	用于游戏，表示向上

序　号	音乐名称	说　明
19	JUMP_DOWN	用于游戏，表示向下
20	POWER_UP	表示得到了某种技能的一个短音调
21	POWER_DOWN	表示失去了某种技能的一个短音调
22	GE_CHANG_ZU_GUO	《歌唱祖国》
23	DONG_FANG_HONG	《东方红》
24	CAI_YUN_ZHUI_YUE	《彩云追月》
25	ZOU_JIN_XIN_SHI_DAI	《走进新时代》
26	MO_LI_HUA	《茉莉花》
27	YI_MENG_SHAN_XIAO_DIAO	《沂蒙山小调》

这些音乐名所存储的都是由格式化的音符所组成的元组，如在REPL状态下查询DONG_FANG_HONG（东方红），对应的显示内容如下：

```
>>>music.DONG_FANG_HONG
('g:4','g:2','a:2','d:8','c:4','c:2','a3:2','d4:8','g:4','g:4','a:2',
 'c5:2','a4:2','g:2','c:4','c:2','a3:2','d4:8','g:4','d:4','c','b3:2',
 'a','g:4','g4:4','d:4','e:2','d:2','c:4','c:2','a3:2','d4:2','e:2',
 'd:2','c:2','d4:2','c:2','b3:2','a:2','g:12')
>>>
```

6.4.2　音乐播放器

为了制作音乐播放器，笔者把这些音乐的名字按照首字母顺序放在一个名为songName的列表中。列表定义如下：

```
songName = [music.BADDY,music.BA_DING,music.BIRTHDAY,music.
           BLUES,music.CAI_YUN_ZHUI_YUE,music.CHASE,music.
           DADADADUM,music.DONG_FANG_HONG,music.ENTERTAINER,music.
           FUNERAL,music.FUNK,music.GE_CHANG_ZU_GUO,music.JUMP_DOWN,
           music.JUMP_UP,music.MO_LI_HUA,music.NYAN,music.
           ODE,music.POWER_DOWN,music.POWER_UP,music.
           PRELUDE,music.PUNCHLINE,music.PYTHON,music.RINGTONE,
           music.WAWAWAWAA,music.WEDDING,music.YI_MENG_SHAN_XIAO_DIAO,
           music.ZOU_JIN_XIN_SHI_DAI]
```

注意，每个歌曲名字前面都要加上库的名字music以及一个点。接着，可以尝试利用for循环让掌控板顺序播放这些音乐。对应的代码如下：

```
from mpython import *
```

```
import music

songName = [music.BADDY,music.BA_DING,music.BIRTHDAY,music.BLUES,
           music.CAI_YUN_ZHUI_YUE,music.CHASE,music.DADADADUM,
           music.DONG_FANG_HONG,music.ENTERTAINER,music.FUNERAL,
           music.FUNK,music.GE_CHANG_ZU_GUO,music.JUMP_DOWN,
           music.JUMP_UP,music.MO_LI_HUA,music.NYAN,music.ODE,
           music.POWER_DOWN,music.POWER_UP,music.PRELUDE,music.
           PUNCHLINE,music.PYTHON,music.RINGTONE,music.WAWAWAWAA,
           music.WEDDING,music.YI_MENG_SHAN_XIAO_DIAO,music.
           ZOU_JIN_XIN_SHI_DAI]

for x in songName:
  music.play(x)
  music.stop()
  sleep(1)
```

在这段代码中，每播放完一首音乐便会通过sleep函数停止1秒的时间。在这些内置音乐中，有些只是很短的效果音，我们可以将它们从"歌单"songName中删除，有些不喜欢的音乐也可以从"歌单"中删除。笔者只保留了9首音乐，按字母排列为表6.6。

表6.6 笔者保留的9首音乐

序 号	音乐名称	说 明
1	BIRTHDAY	《生日歌》
2	CAI_YUN_ZHUI_YUE	《彩云追月》
3	DADADADUM	贝多芬第五交响曲《命运》前奏
4	DONG_FANG_HONG	《东方红》
5	GE_CHANG_ZU_GUO	《歌唱祖国》
6	MO_LI_HUA	《茉莉花》
7	ODE	贝多芬第七交响曲D小调《欢乐颂》
8	YI_MENG_SHAN_XIAO_DIAO	《沂蒙山小调》
9	ZOU_JIN_XIN_SHI_DAI	《走进新时代》

播放这9首音乐的时候，显示屏上会显示音乐名。为此，再创建一个保存音乐名的列表：

```
showSongName = ['生日歌','彩云追月','贝多芬"命运"前奏','东方红',
               '歌唱祖国','茉莉花','贝多芬D小调"欢乐颂"',
               '沂蒙山小调','走进新时代']
```

基于这两个列表，完整的音乐播放器代码如下：

```
from mpython import *

import music

showSongName = ['生日歌','彩云追月','贝多芬"命运"前奏','东方红',
                '歌唱祖国','茉莉花','贝多芬D小调"欢乐颂"',
                '沂蒙山小调','走进新时代']

songName = [music.BIRTHDAY,music.CAI_YUN_ZHUI_YUE,music.DADADADUM,
            music.DONG_FANG_HONG,music.GE_CHANG_ZU_GUO,music.MO_LI_HUA,
            music.ODE,music.YI_MENG_SHAN_XIAO_DIAO,music.ZOU_JIN_XIN_SHI_DAI]

for x in range(9):
  oled.DispChar('{:^40}'.format('当前播放的是：'),0,10)
  oled.DispChar('{:^40}'.format(showSongName[x]),0,30)
  oled.show()

  music.play(songName[x])

  oled.fill(0)
  oled.show()
  music.stop()
  sleep(1)
```

在这段代码中，for循环用的是range函数。同时，为了让字符显示在显示屏的中心，用fromat方法设定了字符串显示的形式。显示的字符有两行，第一行显示"当前播放的是："，第二行显示音乐名，效果如图6.3所示。

至此，这个音乐播放器就算完成了。另外，还可以将自己录的音乐加入"歌单"，只需要创建一个音符列表，然后将音符列表名加入songName即可。下述songName列表就添加了6.3.2节中创建的notes：

```
songName = [music.BIRTHDAY,music.CAI_YUN_ZHUI_YUE,music.DADADADUM,
            music.DONG_FANG_HONG,music.GE_CHANG_ZU_GUO,music.MO_LI_HUA,
            music.ODE,music.PYTHON,music.YI_MENG_SHAN_XIAO_DIAO,
            music.ZOU_JIN_XIN_SHI_DAI,notes]
```

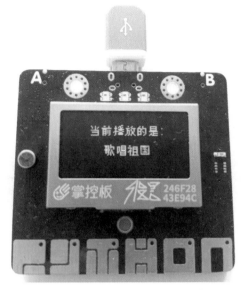

图6.3 掌控板播放音乐时显示的内容

练 习

尝试让掌控板播放音乐《沧海一声笑》。

《沧海一声笑》的创作故事

《沧海一声笑》是1990年由黄霑作词作曲的经典主题曲，自推出起便引发了热烈反响，被视为"最能体现金庸武侠原著精神的画龙点睛之作"。不过，这首歌的创作却是一波三折。

彼时徐克导演监制电影《笑傲江湖》，为了衬托三位武林高手会面时的气宇不凡，他特意找到黄霑来制作主题曲。

虽然徐克和黄霑合作过好几回，已经成为至交好友，徐克却并没有放松对黄霑的要求。徐克对每一段音乐都追求精益求精，甚至不惜打回重做，让黄霑对他又爱又恨。

黄霑最初创作这首歌时，连作六稿，最终都被徐克退了回来。黄霑又是翻书，又是苦思冥想，烦闷中他翻阅古书寻找灵感。直到有一天看到一句话"大乐必易"，黄霑豁然开朗：最简单的不过就是宫商角徵羽五音。于是他突发奇想，将五个音阶倒过来一弹，顿觉雄浑壮阔，狭义豪情有如潮涌一般，滔滔不绝。

○ 参考答案

（1）在网上找一段《沧海一声笑》的乐谱，如图6.4所示。

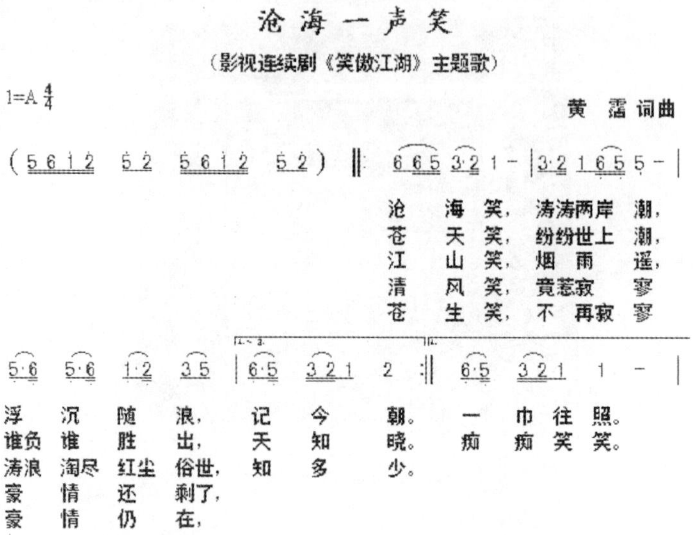

图6.4　《沧海一声笑》的乐谱

（2）定义列表来保存这个曲谱，由于整首曲子有两个结尾旋律，因此这里定义notes、notesEnd1和notesEnd2三个列表。

```
notes = ['a4:3','g4:1','e4:3','d4:1','c4:8','e4:3','d4:1','c4:2','a3:1',
         'g3:1','g3:8','g3:3','a3:1','g3:3','a3:1','c4:3','d4:1','e4:2','g4:2']
notesEnd1 = ['a4:3','g4:1','e4:1','d4:1','c4:2','d4:8']
notesEnd2 = ['a4:3','g4:1','e4:1','d4:1','c4:2','c4:8']
```

（3）完善代码。整段乐曲播放5遍，其中前三遍播放notesEnd1，后两遍播放notesEnd2。利用for循环完成的播放代码如下：

```
for x in range(5):
  music.play(notes)
  if x < 3:
    music.play(notesEnd1)
  else:
    music.play(notesEnd2)
```

（4）至此，可以导入到掌控板中播放了。不过，笔者感觉节奏有点快，所以在前面加了一个set_tempo函数。完整代码如下：

```
import music
```

```
music.set_tempo(ticks = 2)

notes = ['a4:3','g4:1','e4:3','d4:1','c4:8','e4:3','d4:1','c4:2',
         'a3:1','g3:1','g3:8','g3:3','a3:1','g3:3','a3:1','c4:3','d4:1',
         'e4:2','g4:2']
notesEnd1 = ['a4:3','g4:1','e4:1','d4:1','c4:2','d4:8']
notesEnd2 = ['a4:3','g4:1','e4:1','d4:1','c4:2','c4:8']

for x in range(5):
  music.play(notes)
  if x < 3:
    music.play(notesEnd1)
  else:
    music.play(notesEnd2)
```

《沧海一声笑》的录制故事

除了创作过程跌宕起伏，《沧海一声笑》的录制也非同寻常。

很多人想找黄霑要版权，黄霑旋即打电话给罗大佑，两个人一合计，准备叫上徐克，共同录制一版。

录音前，三人饮酒正酣，录制完，有些歌词唱错了，徐克提出要重录，黄霑潇洒地走出录音棚，大笑着说："不录了，这版最好！知己三两，把酒言欢，这才叫笑傲江湖嘛！"

这段老夫聊发少年狂的慷慨壮歌，让三个破锣嗓子吼出多少豪情快意，被日后的华语乐坛奉为经典绝唱。

第7章 按键操作与引脚控制

第5章和第6章介绍了掌控板上的全彩LED、OLED显示屏以及蜂鸣器，这些都是输出设备，只能单方面展示和发送信息。其实，掌控板上还有很多可以交互的按键与触摸引脚，本章的内容就将围绕它们展开。

7.1 引脚控制

根据图5.2和表5.1可知，掌控板以金手指的形式提供了很多可扩展的引脚，这些引脚都是可以控制的（输入或输出），且其中很多引脚对应掌控板上的按键或触摸引脚。

7.1.1 MPythonPin类

控制引脚需要用到mpython库中的MPythonPin类。我们需要基于这个类针对要控制的引脚生成一个对象，构造函数如下：

```
class mpython.MPythonPin(pin,mode = PinMode.IN,pull = None)
```

参数说明见表7.1。

表7.1 class mpython.MPythonPin(pin,mode = PinMode.IN,pull = None)的参数说明

参　数	说　明
pin	掌控板定义的引脚号
mode	引脚模式，有5个选项： ·PinMode.IN，数字输入模式 ·PinMode.OUT，数字输出模式 ·PinMode.PWM，PWM输出模式 ·PinMode.ANALOG，模拟输入模式 ·PinMode.OUT_DRAIN，开漏输出模式 默认为数字输入模式，若要设置为PWM输出、模拟输入，还需要保证所设置的引脚具有相应的功能

参　数	说　明
pull	引脚是否接上拉/下拉电阻，有3个选项： ・None，无上拉/下拉电阻 ・Pin.PULL_UP，上拉电阻使能 ・Pin.PULL_DOWN，下拉电阻使能 默认无上拉/下拉电阻

例如，针对引脚P0创建一个对象，设定P0为数字输出模式的代码为

```
P0 = MPythonPin(0,PinMode.OUT)
```

这个对象可以使用类的方法来控制引脚，常用方法如下：

（1）MPythonPin.read_digital()，用于返回引脚的电平值，1代表高电平，0代表低电平。该方法无参数（因为定义对象时指定了引脚，所以这里不需要参数）。

（2）MPythonPin.write_digital(value)，用于设置引脚输出的电平，value为1时输出高电平，value为0时输出低电平。

（3）MPythonPin.read_analog()，用于读取引脚的模拟输入值，由于掌控板ADC是12位的，所以返回值为0 ~ 4095。

（4）MPythonPin.write_analog(duty,freq = 1000)，用于设置引脚的PWM输出，参数说明见表7.2。

表7.2　**MPythonPin.write_analog(duty,freq = 1000)**的参数说明

参　数	说　明
duty	PWM占空比，0 ~ 1023对应占空比为0 ~ 100%
freq	PWM频率，范围为0 ~ 78125（0x0001312D）

7.1.2　PWM输出

PWM是脉冲宽度调制（Pulse Width Modulation）的英文首字母缩写。

简单的PWM波形如图7.1所示。其中，T为PWM周期，$1/T$为PWM频率；T_1为高电平的宽度，T_2为低电平的宽度，T_1/T为PWM占空比。

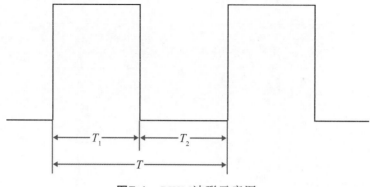

图7.1　PWM波形示意图

利用这个PWM方波信号调制晶体管基极或MOS管栅极的偏置电压，能够改变晶体管或MOS管的开通时间，从而调整电源电压输出。这是利用微处理器的数字信号控制模拟电路的一种非常有效的技术，广泛应用在测量、通信、功率控制与变换的许多领域中。PWM控制相当于把纵向变化的电压（模拟信号）变成横向变化的脉宽（数字信号），其优点之一是传递的信号都是数字式的，无须进行数模（D-A）转换。让信号保持数字形式，可将噪声影响降到最小。将模拟信号转换为PWM信号可以极大地延长通信距离，理论上只要带宽足够，任何模拟值都可以调制为PWM信号。

采样控制理论中有一个重要结论：冲量相等而形状不同的窄脉冲加在具有惯性的环节上时，效果基本相同。PWM控制技术就是以此为理论基础，对半导体开关器件进行通断控制，输出一系列幅值相等而宽度不等的脉冲，代替正弦波或其他所需的波形。按一定的规则对脉冲宽度进行调制，既可改变逆变电路的输出电压，也可改变输出频率。

7.1.3　中断模式

如果将引脚模式设置为数字输入模式，那么还可以为该引脚指定一个中断处理程序。

中断是嵌入式系统中及时处理信号的一种形式，诸如定时器或引脚上的电压变化等事件会触发指定的中断处理程序。触发的事件可能在程序执行的任何时间点出现。中断处理程序又称中断服务程序（ISR），它会在主程序执行的任何时间点执行。因此，为了避免对主程序造成影响，中断处理程序要尽可能简短。

指定中断处理程序的方法为

```
MPythonPin.irq(handler = None,trigger = Pin.IRQ_RISING)
```

其参数说明见表7.3。

表7.3 **MPythonPin.irq(handler = None,trigger = Pin.IRQ_RISING)的参数说明**

参　数	说　明
handler	中断时要执行的函数的名称
trigger	触发中断的事件，有4个选项： · Pin.IRQ_FALLING，下降沿中断 · Pin.IRQ_RISING，上升沿中断 · Pin.IRQ_LOW_LEVEL，低电平中断 · Pin.IRQ_HIGH_LEVEL，高电平中断 这些选项可以通过逻辑或运算符组合

7.2　按键A和按键B

对于掌控板上连接到P5和P11的按键A和按键B，mpython库中专门定义了对象button_a和button_b。

7.2.1　控制引脚输出高低电平

使用REPL时可以直接控制引脚的输出电压。这里还是控制P0脚，先让P0脚输出高电平，然后让P0脚输出低电平：

```
>>>P0 = MPythonPin(0,PinMode.OUT)
>>>P0.write_digital(1)
>>>P0.write_digital(0)
>>>
```

此时，如果将掌控板的P0脚接LED，就能看到LED的亮灭。

创建一个引脚对象的时候，还可以在REPL中查看该对象的方法，显示内容如下：

```
>>>P0.
__class__   __init__        __module__      __qualname__
id          __dict__        Pin             irq
```

```
mode        read_digital        read_analog        write_digital
write_analog
>>>P0.
```

7.2.2 按键对象的方法

这两个按键对象的主要方法如下：

（1）value()，用于获取按键引脚状态：按键未按下时value为1，按键按下时value为0。

（2）irq(handler = None,trigger = (Pin.IRQ_FALLING|Pin.IRQ_RISING),priority = 1,wake = None)，用于指定一个中断处理程序，参数说明见表7.4。

表7.4 **irq(handler = None,trigger = (Pin.IRQ_FALLING|Pin.IRQ_RISING), priority = 1,wake = None)的参数说明**

参 数	说 明
handler	中断时要执行的函数的名称
trigger	触发中断的事件，有4个选项： · Pin.IRQ_FALLING，下降沿中断 · Pin.IRQ_RISING，上升沿中断 · Pin.IRQ_LOW_LEVEL，低电平中断 · Pin.IRQ_HIGH_LEVEL，高电平中断 这些选项可以通过逻辑或运算符组合
priority	设置中断的优先级。它可以采用的值是特定于端口的，但是更大的值总是代表更高的优先级
wake	选择此中断可唤醒系统的电源模式，有4个选项： · None，无法唤醒 · machine.IDLE，闲置模式可唤醒 · machine.SLEEP，睡眠模式可唤醒 · machine.DEEPSLEEP，深度睡眠模式可唤醒 这些选项可以通过逻辑或运算符组合

7.2.3 对准靶心

了解按键对象的方法之后，我们来制作一个对准靶心的小游戏。游戏界面有点像图5.9的样子，具体来说就是在显示屏上显示一个由3个圆圈组成的靶子，游戏开始时会有一个小的实心圆在显示屏上左右移动，当移动到合适的位置时按下按键A，则实心圆开始上下移动；再次移动到合适的位置时按下按键B，就确定了实心圆的位置。最后，要计算一下这个实心圆距离靶心的距离。

第1步是绘制靶子的图案。参照5.5.4节，代码如下：

```
from mpython import *

while True:
  oled.fill(0)
  oled.circle(64,32,5,1)
  oled.circle(64,32,15,1)
  oled.circle(64,32,25,1)
  oled.show()
```

第2步是绘制位置会变化的实心圆。刚开始的时候这个实心圆是水平移动的，位置在靶心±30的范围内。对应的代码如下：

```
from mpython import *

x = 34                         #64 - 30
y = 32                         #初始的竖直位置在显示屏中间
dir = 0


while True:
  oled.fill(0)
  oled.circle(64,32,5,1)
  oled.circle(64,32,15,1)
  oled.circle(64,32,25,1)
  oled.fill_circle(x,y,4,1)        #绘制实心圆
  oled.show()

  if dir == 0:
    x = x + 1
    if x > 94:
      dir = 1
  elif dir == 1:
    x = x - 1
    if x < 34:
      dir = 0
```

这段代码中除了定义表示实心圆圆心坐标的变量*x*、*y*之外，还定义了一个表示方向的变量dir。dir为0表示向右移动，为1表示向左移动，为2表示向下移动，为3表示向上移动。dir与方向的对应关系如图7.2所示。

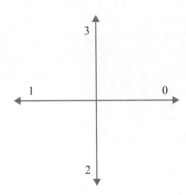

图7.2　dir与方向的对应关系

　　显示实心圆之后会判断dir的值。在dir为0的情况下，要让实心圆圆心坐标的x值加1，而当x的值大于94（64+30 = 94）时，要将dir的值变为1。在dir为1的情况下，每次显示实心圆之后要让实心圆圆心坐标的x值减1，当x的值小于34时，要将dir的值变为0。

　　第3步是判断按键A是否被按下，如果被按下就将dir的值变为2或3，让实心圆上下运动。对应的代码如下：

```
if button_a.value() == 0 and dir < 2:
    dir = 2
```

　　这里，笔者让dir变成2，即让实心圆向下运动。同时，为了保证只有当实心圆左右运动时按下A键才有用，if语句中还通过and逻辑运算符增加了一个条件。

　　第4步是增加让实心圆上下运动的代码，这部分和第2步类似。圆心的y坐标变化范围为2~62，对应改变圆心坐标的代码如下：

```
if dir == 0:
    x = x + 1
    if x > 94:
        dir = 1
elif dir == 1:
    x = x - 1
    if x < 34:
        dir = 0
elif dir == 2:
    y = y + 1
    if y > 62:
        dir = 3
```

```
elif dir == 3:
  y = y - 1
  if y < 2:
    dir = 2
```

第5步和第3步类似，判断按键B是否被按下，如果被按下则计算当前坐标和圆心的距离，等待一段时间后将dir的值变为0，开始下一次瞄准。对应的完整代码如下：

```
from mpython import *
import math

x = 34                                    #64 - 30
y = 32                                    #初始的竖直位置在显示屏中间
dir = 0

while True:
  oled.fill(0)
  oled.circle(64,32,5,1)
  oled.circle(64,32,15,1)
  oled.circle(64,32,25,1)
  oled.fill_circle(x,y,4,1)              #绘制实心圆
  oled.show()

  if dir == 0:
    x = x + 1
    if x > 94:
      dir = 1
  elif dir == 1:
    x = x - 1
    if x < 34:
      dir = 0
  elif dir == 2:
    y = y + 1
    if y > 62:
      dir = 3
  elif dir == 3:
    y = y - 1
    if y < 2:
      dir = 2
```

```
if button_a.value() == 0 and dir < 2:
  dir = 2

if button_b.value() == 0 and dir > 1:
  x = math.pow(x - 64,2)
  y = math.pow(y - 32,2)
  oled.DispChar(str(math.sqrt(x + y)),0,0)
  oled.show()
  sleep(1)

x = 34
y = 32
dir = 0
```

其中红色部分为新增的代码，这里利用已知直角三角形两个直角边的长度求斜边长度的公式，导入了math库，使用其中的pow函数和sqrt函数。

读者还可以将这个距离转换成环数，距离越小，环数越大，最中间的区域是10环，往外依次是9环、8环……小于1环就是脱靶。

7.2.4　按键的中断模式

如果上述游戏程序用按键的中断模式来写，则代码如下：

```
from mpython import *
import math

x = 34                                    #64 - 30
y = 32                                    #初始的竖直位置在显示屏中间
dir = 0

def a_button_down(_):
  global dir
  if dir < 2:
    dir = 2

def b_button_down(_):
  global dir
  if dir > 1:
    dir = 5

button_a.irq(trigger = Pin.IRQ_FALLING,handler = a_button_down)
```

```
button_b.irq(trigger = Pin.IRQ_FALLING,handler = b_button_down)

while True:
  oled.fill(0)
  oled.circle(64,32,5,1)
  oled.circle(64,32,15,1)
  oled.circle(64,32,25,1)
  oled.fill_circle(x,y,4,1)                    #绘制实心圆
  oled.show()

  if dir == 0:
    x = x + 1
    if x > 94:
      dir = 1
  elif dir == 1:
    x = x - 1
    if x < 34:
      dir = 0
  elif dir == 2:
    y = y + 1
    if y > 62:
      dir = 3
  elif dir == 3:
    y = y - 1
    if y < 2:
      dir = 2
  elif dir == 5:
    x = math.pow(x - 64,2)
    y = math.pow(y - 32,2)
    oled.DispChar(str(math.sqrt(x + y)),0,0)
    oled.show()
    sleep(1)

    x = 34
    y = 32
    dir = 0
```

首先，定义两个中断服务程序a_button_down和b_button_down（红色代码之前的部分）。为了让中断服务程序尽量短，这里只更改其中的dir值。另外，为了能修改dir的值，在中断服务程序中通过关键字global表示它是一个全局变量。

　　然后，使用对象的irq方法分别指定两个按键的中断处理程序，同时指定中断的触发形式为下降沿触发（Pin.IRQ_FALLING，因为按键在未按下时为1，按下时为0，会产生一个脉冲的下降沿）。

　　由上述程序可知，中断服务程序是独立于主程序的，后面的while循环中并没有调用这两个程序，但在实际操作中却能够改变变量dir的值。

7.3　通过按键切换内置表情

　　本节还是利用按键A和按键B进行交互，实现的功能是通过按键来切换掌控板的内置表情。

7.3.1　Image类

　　介绍掌控板的内置表情之前，有必要先了解一下Image类。这个类位于gui的库中，因此首先要导入gui库中的Image类：

```
from gui import Image
```

　　Image类支持pbm和单色位图bmp的图片格式。使用Image类要先定义一个对象，如定义一个名为pic的对象：

```
pic = Image()
```

　　这个对象可以使用类的方法来加载图片，对应的方法如下：

```
Image.load(path,invert = 0)
```

　　参数说明见表7.5。

表7.5　Image.load(path,invert = 0)的参数说明

参　数	说　明
path	图片文件的路径
invert	图片像素点反转：0表示不反转，1表示反转

该方法返回的是加载了图片信息的对象。

7.3.2 掌控板的内置图片

掌控板中有很多pbm格式的内置图片，我们可以通过查看掌控板中的文件来了解图片名。想查看掌控板中的文件，需点击mPython界面左侧的"文件管理"按钮，如图7.3所示。

图7.3 当鼠标移动到mPython界面左侧时，会出现一个"文件管理"按钮

点击这个按钮，界面左侧就会出现图7.4所示的两个菜单。

图7.4 点击"文件管理"按钮后出现两个菜单

其中，左侧的菜单是电脑上的文件，包含很多基于掌控板的示例。稍靠中间的菜单就是掌控板中的文件菜单。而所有内置图片都保存在face文件夹中，打开后能看到都是pbm格式的文件（图7.4），且face文件夹下的文件夹中也都是图片文件。

说　明

　　要在连接状态下查看掌控板中的文件，也可以通过"文件"菜单下的"掌控板文件"打开文件管理界面。

7.3.3　显示内置图片

　　知道如何查看掌控板的内置图片之后，下面尝试显示一张图片。这要用到 oled 对象的 blit 方法，显示图片的代码如下：

```
from mpython import *
from gui import Image

pic = Image()
oled.blit(pic.load('face/1.pbm',0),0,0)
oled.show()
```

　　这里能看到文件路径是"face/1.pbm"，图片显示效果如图 7.5 所示（face 文件夹下的 1.pbm 是一个心形的图案）。

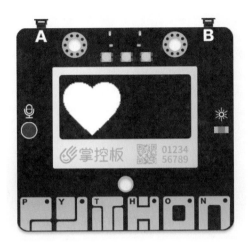

图7.5　显示图片"face/1.pbm"

7.3.4　播放幻灯片

显示图片后，本节通过一个for循环顺序显示多张图片。对应的代码如下：

```
from mpython import *
from gui import Image

pic = Image()

while True:
  for i in range(1,13):
    oled.blit(pic.load('face/' + str(i) + '.pbm',0),0,0)
    oled.show()
    sleep(1)
```

注意，这里的文件路径是通过字符串组合而来的，由于face文件夹下有
pbm图片1～图片12，因此可以把对应的数字转换成字符串以表示文件夹中不同
的文件。

说　明

图7.5种图片没有显示在显示屏的中间，读者可以自己调整一下显示的位置。

149

7.3.5　按键切换表情

在显示幻灯片的基础上，我们再来添加一些功能，实现通过按键来切换图片的目的。

本小节显示的图片是eyes文件夹下的"眼睛"相关图片。由于该文件夹下的图片不是以数字命名的，所以要先创建一个列表来保存文件名，列表名为eyes，代码内容如下：

```
eyes = ['Angry','Awake','Bottom left','Bottom right','Crazy 1','Crazy 2',
        'Dizzy','Down','Evil','Hurt','Knocked out','Nuclear']
```

基于这个列表完成的通过按键切换表情的完整代码如下：

```
from mpython import *
from gui import Image

pic = Image()
index = 0

eyes = ['Angry','Awake','Bottom left','Bottom right','Crazy 1','Crazy 2',
        'Dizzy','Down','Evil','Hurt','Knocked out','Nuclear']

def a_button_down(_):
  global index
  index = index + 1
  if index > 11:
    index = 0

def b_button_down(_):
  global index
  index = index - 1
  if index < -12:
    index = 11

button_a.irq(trigger = Pin.IRQ_FALLING,handler = a_button_down)
button_b.irq(trigger = Pin.IRQ_FALLING,handler = b_button_down)

while True:
  oled.blit(pic.load('face/Eyes/' + eyes[index] + '.pbm',0),19,0)
  oled.show()
```

这里在按键的中断中改变的是index的值。确定显示图片位置的时候需要先知道图片的大小，可以点击"掌控板文件"中对应文件后面的"..."符号，在弹出的对话框中选择"浏览文件"，如图7.6所示。

图7.6 在 "掌控板文件"中选择"浏览文件"

新打开的文件的第2行就是图片的大小。这里，"眼睛"图片的大小为89×64，因此图片显示的左上角x坐标就是（128−89）/2 = 19.5。最后，图片显示效果如图7.7所示。

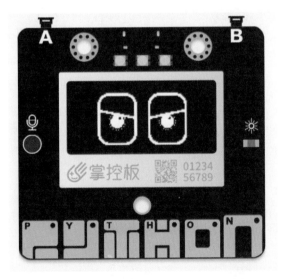

图7.7　在显示屏上显示"眼睛"图案

此时，当按键A或按键B被按下的时候，就会切换"眼睛"图案。

7.3.6　显示自定义图片

延续以上显示图片的内容，下面介绍如何显示自定义图片。

先找到一张纯黑白的图片，笔者找了一个表示电话的图例，如图7.8所示。

前面提到过，Image类支持pbm和单色位图bmp的图片格式。我们可以将图片用图像编辑软件打开，调整到合适的大小（至少要小于掌控板显示屏的大小），然后保存为bmp单色位图。这里，笔者保存的文件名为phone.bmp。

图7.8　表示电话的一个图例

之后，在mPython软件中通过"导入"按钮将图片导入掌控板，如图7.9所示。

图7.9　通过"导入"按钮导入图片

这时，这张图片就已经保存在掌控板中了，接着就可以通过7.3.3节的程序显示图片，代码如下：

```python
from mpython import *
from gui import Image

pic = Image()
oled.blit(pic.load('phone.bmp',0),0,0)
oled.show()
```

7.4　触摸引脚

掌控板显示屏的正下方有6个触摸引脚，mpython库针对它们专门定义了对象。由于这几个引脚的样子有点像字母P、Y、T、H、O、N，因此对应的6个对象名就是touchPad_P、touchPad_Y、touchPad_T、touchPad_H、touchPad_O、touchPad_N。

7.4.1　触摸引脚的原理

触摸引脚的原理其实并不复杂，主要基于RC充电时间的变化，本质上利用的是电容容量的变化。

任何两个导体之间都存在感应电容，触摸引脚（相当于一个大焊盘）和大地也可构成感应电容。在周围环境不变的情况下，该感应电容值是固定不变的微小值。当手指靠近触摸引脚时，人体手指和大地构成的感应电容与触摸引脚和大地构成的感应电容形成并联关系，总感应电容值增大，从而影响RC充电时间。

7.4.2　触摸引脚对象的方法

6个触摸引脚对象的主要方法是read()。当触摸引脚没有接触人体的时候，方法的返回值在五六百以上；而当人体完全接触触摸引脚之后，方法的返回值能降到10以下。可以在REPL中测试一下对象的方法，对应操作如下：

```
>>>touchPad_P.read()
585
>>>touchPad_Y.read()
607
>>>touchPad_T.read()
610
>>>touchPad_H.read()
636
>>>touchPad_O.read()
604
>>>touchPad_N.read()
562
```

```
>>>touchPad_P.read()
7
>>>touchPad_Y.read()
6
>>>touchPad_T.read()
6
>>>touchPad_H.read()
5
>>>touchPad_O.read()
5
>>>touchPad_N.read()
8
>>>
```

7.4.3　古乐电子琴

　　了解了如何获取触摸引脚的值之后，我们使用触摸引脚制作一个古乐电子琴。之所以称之为"古乐电子琴"，是因为这个电子琴只能发出宫商角徵羽5个音。同时，为了扩展电子琴的音域，可以通过按键A来调节不同八度音的宫商角徵羽。当按键A未被按下的时候，发出的是中音的宫商角徵羽；而当按键A被按下的时候，发出的是低音的宫商角徵羽。具体对应关系是touchPad_P对应宫，touchPad_Y对应商，touchPad_T对应角，touchPad_H对应徵，touchPad_O对应羽，而touchPad_N对应不发声。对应的代码如下：

```
from mpython import *
import music

while True:
  if button_a.value() == 1:                      #中音
    if touchPad_P.read() < 300:
      music.play('C4:8',wait = False)
    elif touchPad_Y.read() < 300:
      music.play('D4:8',wait = False)
    elif touchPad_T.read() < 300:
      music.play('E4:8',wait = False)
    elif touchPad_H.read() < 300:
      music.play('G4:8',wait = False)
    elif touchPad_O.read() < 300:
      music.play('A4:8',wait = False)
    elif touchPad_N.read() < 300:
```

```
      music.stop()
    else:                                                          #低音
      if touchPad_P.read() < 300:
        music.play('C3:8',wait = False)
      elif touchPad_Y.read() < 300:
        music.play('D3:8',wait = False)
      elif touchPad_T.read() < 300:
        music.play('E3:8',wait = False)
      elif touchPad_H.read() < 300:
        music.play('G3:8',wait = False)
      elif touchPad_O.read() < 300:
        music.play('A3:8',wait = False)
      elif touchPad_N.read() < 300:
        music.stop()
```

为了让声音更连续，代码中play函数的属性wait被设定为False，表示不用等到声音播放完就可以继续之后的代码。不过，这样也有一个问题，那就是同时发出一个音时会听到颤音。因此，笔者在每次调用play函数之前都会判断发出的音是否一样，只有不一样的情况下才会调用play函数。调整后的代码如下：

```
from mpython import *
import music

note = 0

while True:
  if button_a.value() == 1:
    if touchPad_P.read() < 300 and note != 1:
      music.play('C4:8',wait = False)
      note = 1
    elif touchPad_Y.read() < 300 and note != 2:
      music.play('D4:8',wait = False)
      note = 2
    elif touchPad_T.read() < 300 and note != 3:
      music.play('E4:8',wait = False)
      note = 3
    elif touchPad_H.read() < 300 and note != 4:
      music.play('G4:8',wait = False)
      note = 4
    elif touchPad_O.read() < 300 and note != 5:
      music.play('A4:8',wait = False)
```

```
        note = 5
    elif touchPad_N.read() < 300 and note != 0:
        music.stop()
        note = 0
else:
    if touchPad_P.read() < 300 and note != 6:
        music.play('C3:8',wait = False)
        note = 6
    elif touchPad_Y.read() < 300 and note != 7:
        music.play('D3:8',wait = False)
        note = 7
    elif touchPad_T.read() < 300 and note != 8:
        music.play('E3:8',wait = False)
        note = 8
    elif touchPad_H.read() < 300 and note != 9:
        music.play('G3:8',wait = False)
        note = 9
    elif touchPad_O.read() < 300 and note != 10:
        music.play('A3:8',wait = False)
        note = 10
    elif touchPad_N.read() < 300 and note != 0:
        music.stop()
        note = 0
```

古乐电子琴做好之后，可以试着演奏一下。故事影片《红孩子》的插曲《共产儿童团歌》就是由宫商角徵羽这5个音构成的，如图7.10所示。

图7.10 《共产儿童团歌》乐谱

7.5　音乐播放器进阶

与6.4.2节的音乐播放器不同，本节这个音乐播放器更关注交互功能：播放音乐的时候除了会显示歌曲名，还会显示音乐播放进度。同时，通过按键和触摸引脚还能控制音乐的播放、暂停以及快进和倒退，对应的按键以及触摸引脚功能如下：

- ·按键A——播放

- ·按键B——暂停

- ·触摸引脚P——前一首

- ·触摸引脚N——下一首

- ·触摸引脚Y——倒退

- ·触摸引脚O——快进

下面就来实现上述功能。

7.5.1　UI类

这里使用UI类绘制进度条。这个类也位于gui库中，因此要先导入gui库中的UI类：

```
from gui import UI
```

UI类是提供UI的界面类控件。使用UI类一样要先定义对象，如定义名为musicUI的对象：

```
musicUI = UI(oled)
```

定义对象时需要填写参数oled，表示这个UI界面是显示在掌控板OLED上的。

这个对象可以使用类的方法来绘制UI界面，常用方法如下：

```
UI.ProgressBar(x,y,width,height,progress)
```

用于绘制进度条，参数说明见表7.6。

表7.6　`UI.ProgressBar(x,y,width,height,progress)` 的参数说明

参　数	说　明
x	进度条左上角的 x 坐标
y	进度条左上角的 y 坐标
width	进度条宽度
height	进度条高度
progress	进度条百分比

`UI.stripBar(x,y,width,height,progress,dir = 1,frame = 1)`

用于绘制水平或垂直的柱状条，参数说明见表7.7。

表7.7　`UI.stripBar(x,y,width,height,progress,dir = 1,frame = 1)` 的参数说明

参　数	说　明
x	柱状条左上角的 x 坐标
y	柱状条左上角的 y 坐标
width	柱状条宽度
height	柱状条高度
progress	柱状条百分比
dir	柱状条方向，dir = 1时为水平方向，dir = 0时为垂直方向
frame	当frame = 1时，显示外框；当frame = 0时，不显示外框

`UI.qr_code(str,x,y,scale = 2)`

用于绘制 29×2 的二维码，参数说明见表7.8。

表7.8　`UI.qr_code(str,x,y,scale = 2)` 的参数说明

参　数	说　明
str	字符串类型的二维码数据
x	二维码左上角的 x 坐标
y	二维码左上角的 y 坐标
scale	放大倍数，可以为1或2。默认为2

7.5.2　显示音乐播放进度

了解了UI类之后，现在尝试显示音乐播放进度。程序参考6.4.2节最后的代码，不过这里将整体要播放的曲目变成了6首。修改后的完整代码如下：

```
from mpython import *
from gui import UI                                    #1
import music
```

```
musicUI = UI(oled)                                              #2
musicIndex = 0                                                  #3

showSongName = ['彩云追月','东方红','歌唱祖国','茉莉花',
                '沂蒙山小调','走进新时代']

songName = [music.CAI_YUN_ZHUI_YUE,music.DONG_FANG_HONG,
            music.GE_CHANG_ZU_GUO,music.MO_LI_HUA,music.
            YI_MENG_SHAN_XIAO_DIAO,music.ZOU_JIN_XIN_SHI_DAI]

while True:                                                     #3
  oled.DispChar('{:^40}'.format('当前播放的是：'),0,0)
  oled.DispChar('{:^40}'.format(showSongName[musicIndex]),0,20) #4

  musicTime = len(songName[musicIndex])                         #5
  musicProgress = 0                                             #6

  while True:
    musicUI.ProgressBar(0,38,128,10,int(musicProgress*100/musicTime)) #7
    oled.show()
    music.play(songName[musicIndex][musicProgress])             #8
    musicProgress = musicProgress + 1                           #9

    if musicProgress == musicTime:                              #10
      musicIndex = musicIndex + 1                               #10
      if musicIndex == len(songName):
        musicIndex = 0
      break                                                     #10

  oled.fill(0)
  oled.show()
  music.stop()                                                  #11
  sleep(1)
```

参考程序中注释的数字标号，代码的具体说明如下：

#1部分，导入gui库中的UI类。

#2部分，定义一个名为musicUI的对象。

#3部分，由于原来的for循环变成了while循环，所以创建变量musicIndex
来保存目前播放曲目的序列号。

#4部分，根据musicIndex的值显示播放的曲目名称。

#5部分，获取某一首内置音乐所包含的元素数量。

#6部分，定义变量musicProgress，保存目前所播放元组元素的序列号。

#7部分，显示进度条。进度条宽128（与显示屏等宽）、高10，进度为musicProgress与musicTime的比值。可见，实际上显示屏显示的不是音乐的时间进度，而是音乐所包含元组元素的进度。

#8部分，根据musicIndex和musicProgress确定播放哪个音符。这个程序之所以能够显示播放进度，是因为音乐是以一个个音符播放的，而不是一首一首播放的。这一点是与6.4.2节中程序最大的不同。

#9部分，一个音符播放完之后，将musicProgress加1，准备播放下一个音符。

#10部分，如果musicProgress等于musicTime，就说明当前音乐播放完了，此时要将播放曲目的序列号musicIndex加1，同时通过break跳出播放当前音乐的while循环。

#11部分，一首音乐播放完了停顿1秒的时间。

这段显示音乐播放进度的程序运行时的效果如图7.11所示。

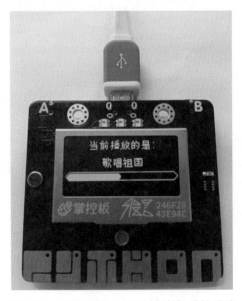

图7.11　在显示屏上显示播放音乐的进度

7.5.3　控制音乐播放进度

能正常显示进度条之后，我们来实现对音乐播放进度的控制。根据上一节的内容可知，控制播放进度实际上就是改变musicProgress和musicIndex的值，如前一首是musicIndex减1，下一首就是musicIndex加1，快进就是musicProgress加10，倒退就是musicProgress减10。相对而言，播放和暂停稍麻烦一些，需要新建一个名为musicPause的布尔型变量：musicPause为真时停止播放音乐，为假时播放音乐。

根据以上分析，最后的代码内容如下（红色为新增代码）：

```
from mpython import *
from gui import UI                                              #1
import music

musicUI = UI(oled)                                             #2
musicIndex = 0                                                 #3
musicPause = False

showSongName = ['彩云追月','东方红','歌唱祖国','茉莉花',
                '沂蒙山小调','走进新时代']

songName = [music.CAI_YUN_ZHUI_YUE,music.DONG_FANG_HONG,music.
            GE_CHANG_ZU_GUO,music.MO_LI_HUA,music.YI_MENG_SHAN_
            XIAO_DIAO,music.ZOU_JIN_XIN_SHI_DAI]

while True:                                                    #3
    oled.DispChar('{:^40}'.format('当前播放的是：'),0,0)
    oled.DispChar('{:^40}'.format(showSongName[musicIndex]),0,20)
                                                              #4
    oled.DispChar('前一首 倒退 快进 下一首',0,50)


    musicTime = len(songName[musicIndex])                     #5
    musicProgress = 0                                         #6

    while True:
        if musicPause:
            if button_a.value() == 0:                         #按键A
                musicPause = False
        else:
```

```
musicUI.ProgressBar(0,38,128,10,int(musicProgress*100/musicTime))
                                                           #7
    oled.show()
    music.play(songName[musicIndex][musicProgress])      #8
    musicProgress = musicProgress + 1                     #9

    if button_b.value() == 0:                             #按键B
      musicPause = True

    if touchPad_P.read() < 300:                           #触摸引脚P
      musicIndex = musicIndex - 1
    if musicIndex < 0:
      musicIndex = len(songName) - 1
    break

  elif touchPad_Y.read() < 300:                           #触摸引脚Y
    musicProgress = musicProgress - 10
    if musicProgress < 0:
      musicProgress = 0

  elif touchPad_O.read() < 300:                           #触摸引脚O
    musicProgress = musicProgress + 10

  elif touchPad_N.read() < 300:                           #触摸引脚N
    musicIndex = musicIndex + 1
    if musicIndex == len(songName):
      musicIndex = 0
    break

  if musicProgress >= musicTime:                          #10
    musicIndex = musicIndex + 1                           #10
    if musicIndex == len(songName):
      musicIndex = 0
    break                                                 #10


oled.fill(0)
oled.show()
music.stop()                                             #11
sleep(1)
```

注意，这里还在显示屏的最下方加了一些说明性文字，从左到右依次为前一首、倒退、快进、下一首。程序运行效果如图7.12所示。

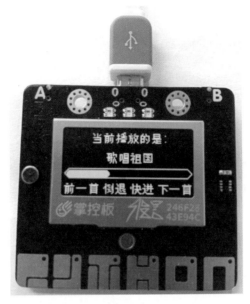

图7.12 在音乐播放器项目中，显示屏的最下方加了一些说明性文字

▌ 练 习

尝试将音乐播放器改成"点歌台"，能选择6首音乐中的一首播放。6首音乐分别对应掌控板下方的6个触摸引脚，当程序运行或掌控板复位后，显示屏上显示"触摸引脚选择音乐"。选择某个触摸引脚之后，掌控板开始播放音乐，同时显示屏上显示音乐名。最后，当音乐播放完毕之后，重新回到"点歌台"的选择界面。

○ 参考答案

（1）参考7.5.3中的程序选取6首音乐，分别创建showSongName列表和songName列表。

（2）创建变量musicIndex来保存播放音乐的序号。

（3）利用if语句实现通过触摸引脚改变变量musicIndex的值，代码如下：

```
if touchPad_P.read() < 300:
    musicIndex = 0
elif touchPad_Y.read() < 300:
```

```
    musicIndex = 1
  elif touchPad_T.read() < 300:
    musicIndex = 2
  elif touchPad_H.read() < 300:
    musicIndex = 3
  elif touchPad_O.read() < 300:
    musicIndex = 4
  elif touchPad_N.read() < 300:
    musicIndex = 5
```

（4）将变量musicIndex的初始值设为6，表示没有播放音乐的状态。接着，在后面的程序中判断musicIndex的值，若值为6，则检测触摸引脚的状态，否则播放对应的音乐。完整代码如下：

```
from mpython import *
import music

musicIndex = 6

showSongName = ['彩云追月','东方红','歌唱祖国','茉莉花',
                '沂蒙山小调','走进新时代']

songName = [music.CAI_YUN_ZHUI_YUE,music.DONG_FANG_HONG,music.GE_
            CHANG_ZU_GUO,music.MO_LI_HUA,music.YI_MENG_SHAN_XIAO_
            DIAO,music.ZOU_JIN_XIN_SHI_DAI]

while True:
  if musicIndex == 6:
    oled.fill(0)
    oled.DispChar('{:^35}'.format('触摸引脚选择音乐'),0,10)
    oled.show()

    if touchPad_P.read() < 300:
      musicIndex = 0
    elif touchPad_Y.read() < 300:
      musicIndex = 1
    elif touchPad_T.read() < 300:
      musicIndex = 2
    elif touchPad_H.read() < 300:
      musicIndex = 3
    elif touchPad_O.read() < 300:
      musicIndex = 4
```

```
    elif touchPad_N.read() < 300:
      musicIndex = 5
  else:
    oled.fill(0)
    oled.DispChar('{:^40}'.format('当前播放的是: '),0,10)
    oled.DispChar('{:^40}'.format(showSongName[musicIndex]),0,30)
    oled.show()

    music.play(songName[musicIndex])
    musicIndex = 6
```

第8章 网络应用

掌控板自带Wi-Fi功能，非常适合用于物联网设备的产品原型制作，不用单独布线、架线就可直接连接到附近的网络中，作为一个网络节点设备。本章，我们主要介绍掌控板的网络应用。

8.1 Wi-Fi溯源

8.1.1 无线通信

无线通信（Wireless Communication）是利用电磁波信号可以在自由空间中传播的特性进行信息交换的一种通信方式。与有线通信相比，无线通信不需要架设传输线路，不受通信距离限制，机动性好，建立迅速；但信号易受干扰或易被截获，易受自然因素影响，保密性差。

早期受限于电子元器件，人们只能使用20kHz～30MHz短波频率进行无线通信。20世纪60年代以后，人们把频率扩展到150MHz和400MHz，无线通信质量也越来越高。同时，晶体管的出现使得移动电台的小型化前进一大步，效果也明显改善。之后，无线通信频率又扩展到0.3～300GHz的微波。微波频带很宽，通信容量很大，但传输距离一般只有几十千米，所以每隔几十千米就要建一个微波中继站，以确保通信质量。进而，在1939年就显现雏形的中继通信，在11年后的1950年开始大放光彩。这也得益于发展到集成电路阶段的电子技术。

8.1.2 无线网络

无线通信经历了从电子管到晶体管再到集成电路，从短波到超短波再到微波，从模拟方式到数字方式，从固定使用到移动使用等多个发展阶段，最终成为现代信息社会的重要支柱。

无线通信发展的同时，计算机网络也在不断发展。在传统的有线网络基础上，无线网络的研究在20世纪70年代就开始了。最开始的时候无线网络只是作为有线网络的补充，所以遵循IEEE 802.3标准。走进20世纪80年代，伴随着以太网的迅猛发展，无线网络以不用架线、灵活性强等优点赢得了特定市场的认可。

随着无线网络的发展，一些隐藏的问题也逐渐暴露出来。直接架构于IEEE 802.3上的无线网络产品存在易受其他微波噪声干扰、性能不稳定、传输速率低且不易升级等缺点，不同厂商的产品相互也不兼容，这些都限制了无线网络的进一步应用。于是，制定一个有利于无线网络自身发展的标准就提上了议事日程。直到1997年6月，IEEE终于通过了802.11标准。

802.11标准是IEEE制定的无线局域网标准，主要是对网络的物理层（PH）和介质访问控制层（MAC）进行了规定，其中对MAC层的规定是重点。各厂商的产品在同一物理层上可以互操作，逻辑链路控制层（LLC）是一致的，即MAC层以下对网络应用是透明的。这样就使得无线网络的两种主要用途"（同网段内）多点接入"和"多网段互联"能够高性价比地实现。

8.1.3 Wi-Fi

确切地说，Wi-Fi是无线网络技术的一个品牌，由Wi-Fi联盟所持有。其存在的意义在于改善基于IEEE 802.11标准的无线网路产品之间的互通性，它只是无线网络的一个具体实现技术。但是，现实生活中Wi-Fi的广泛应用，使得人们把使用IEEE 802.11系列协议的局域网称为Wi-Fi，甚至把Wi-Fi等同于无线网路。

Wi-Fi是有线网络的一个延伸。以前电脑通过网线联网，而Wi-Fi则是通过无线通信的形式联网。常见的应用场景是，采用无线路由器将有线网络转换成无线网络，而在这个无线路由器的电波有效覆盖范围内都可以采用Wi-Fi连接方式进行联网。如果无线路由器连接了一条ADSL线路或者其他上网线路，则这个无线路由器又被称为热点。

8.2　连接网络

8.2.1　Wi-Fi类

掌控板提供了便捷的Wi-Fi连接方式，支持STA模式（作为节点连接到路由器）和AP模式（作为设备连接到掌控板）。要建立Wi-Fi连接，需使用mpython库中的Wifi类，基于Wifi类创建对象的代码如下：

```
myWifi = Wifi()
```

由于掌控板有两个Wi-Fi接口，所以创建Wifi对象之后有sta对象和ap对象两个对象。

```
>>>myWifi.
__class__          __init__          __module__          __qualname__
__dict__           connectWifi       disconnectWifi      enable_APWifi
disable_APWifi     sta               ap
>>>myWifi.
```

针对这两个对象，Wifi类的方法如下：

（1）Wifi.connectWifi(ssid,password,timeout = 10)，用于掌控板连接网络，参数说明见表8.1。

表8.1　**Wifi.connectWifi(ssid,password,timeout = 10)**的参数说明

参　　数	说　　明
ssid	所连接Wi-Fi网络的名称
password	所连接Wi-Fi网络密码
timeout	连接超时，默认10秒

（2）Wifi.disconnectWifi()，用于断开Wi-Fi连接。

（3）Wifi.enable_APWifi(essid,password,channel = 10)，用于使能Wi-Fi的无线AP模式，参数说明见表8.2。

表8.2　**Wifi.enable_APWifi(essid,password,channel = 10)**的参数说明

参　　数	说　　明
essid	所创建的Wi-Fi网络的名称
password	所创建的Wi-Fi网络的密码
channel	设置Wi-Fi的使用信道，channel 1 ~ channel 13

（4）Wifi.disable_APWifi()，用于关闭AP模式。

8.2.2　连接Wi-Fi网络

使用Wifi.connectWifi()方法连接网络的操作如下（使用REPL时）：

```
>>>myWifi.connectWifi('你所连接的网络名称','你所连接网络的密码')
Connection Wifi........
Wifi('你所连接的网络名称',-49dBm)Connection Successful,
Config:('192.168.1.35','255.255.255.0','192.168.1.1','192.168.1.1')
>>>
```

输入正确的SSID和网络密码，回车之后就会出现"Connetction Wifi........"
字样。连接成功之后会出现"Connection Successful"字样，同时会显示连接之
后掌控板对应的IP地址、子网掩码、网关、DNS等信息。当前笔者的掌控板IP
地址为192.168.1.35。

> **说　明**
>
> 开启Wi-Fi功能后功耗会增大，在不使用Wi-Fi的情况下可关闭Wi-Fi。

正确连接网络之后，还可以通过sta对象查看网络状态。

```
>>>myWifi.sta.
__class__      active      config          connect
disconnect     ifconfig    isconnected     scan
status
>>>myWifi.sta.
```

sta对象的方法如下：

（1）active，用于查看网络是否激活，True为激活，False为未激活。

（2）config，用于设置网络名称与密码。

（3）connect，用于连接网络。

（4）disconnect，用于断开网络。

（5）ifconfig，用于查询掌控板的IP地址、子网掩码、网关、DNS信
息，带参数表示设置掌控板的静态IP、子网掩码、网关和DNS。

（6）isconnected，用于查询网络是否连接，True为连接，False为未连接。

（7）scan，用于扫描网络。

（8）status，用于查询网络状态。

对应操作示例如下：

```
>>>myWifi.sta.active()
True
>>>myWifi.sta.ifconfig()
('192.168.1.35','255.255.255.0','192.168.1.1','192.168.1.1')
>>>myWifi.sta.isconnected()
True
>>>myWifi.sta.status()
1010
>>>myWifi.sta.scan()
[(b'CMCC-1804',b'\xcc\\\xde\xf20\xf1',4,-49,4,False),
(b'CMCC-DENG',b'\x140\x04a\x83\x0c',3,-51,4,False),
(b'HONOR-041V4M',b'\xf4\xa5\x9d\xba\x0c\x08',1,-55,3,False),
(b'duchaoting',b'\x88\xc3\x97\x01OJ',2,-67,4,False),
(b'ziroom-1805',b't\x05\xa5#d-',1,-69,4,False),
(b'TP-LINK_4142',b'\xd0v\xe7\xdbAB',11,-70,4,False),]
>>>
```

使用scan方法扫描网络时，就会发现附近的Wi-Fi网络。这些反馈信息组成一个元组的列表，列表中的每个元组都是一个网络，包含网络名称、信号强度、是否加密、加密方式等信息。

8.3 网络通信

网络连接成功之后，下一步就是实现网络通信。

8.3.1 TCP/IP协议

实现网络通信，要保证通信双方基于统一的数据形式。早期的网络通信都是由各厂商自定义一套数据发收形式，这些数据形式互不兼容。后来，出于满足不同类型网络设备的连接需要，一套全球通用的数据形式——TCP/IP协议就诞生了。

TCP/IP（Transmission Control Protocol/Internet Protocol，传输控制协议/网络协议）是能够在多个不同网络间实现信息传输的协议。TCP/IP协议实际上指的不仅仅是TCP和IP两个协议，而是一个由FTP、SMTP、TCP、UDP、IP等协议构成的协议簇，只不过最重要的两个是TCP和IP协议，所以人们习惯将网络协议简称为TCP/IP协议。

8.3.2　套接字

套接字（Socket）是网络通信的基石，是对网络中不同主机上的程序之间进行双向通信的端点的抽象，是TCP/IP协议通信的基本操作单元。一个套接字就是网络通信的一端，是程序通过网络协议进行通信的接口。

套接字的形式为IP地址后面加上端口号，中间用冒号或逗号分隔开。如果IP地址是192.168.1.35，端口号是23，那么得到套接字就是（192.168.1.35:23）。

应用Socker要先导入socket库：

```
import socket
```

这个库中有一个socker对象，其主要方法包括getaddrinfo()和socket()。

（1）socket()，用于定义一个网络连接，参数说明见表8.3。

表8.3　**socket.socket(af = AF_INET,type = SOCK_STREAM,proto = IPPROTO_TCP)**的参数说明

参　数	说　明
af	地址模式，有2个选项： ·socket.AF_INET，表示TCP/IP-IPv4 ·socket.AF_INET6，表示TCP/IP-IPv6 默认为TCP/IP-IPv4
type	socket类型，有4个选项： ·socket.SOCK_STREAM，表示TCP流 ·socket.SOCK_DGRAM，表示UDP数据报 ·socket.SOCK_RAW，表示原始套接字 ·socket.SO_REUSEADDR，表示端口释放后可以立即被再次使用 默认为TCP流

参　　数	说　　明
proto	协议，有2个选项： · socket.IPPROTO_TCP · socket.IPPROTO_UDP 默认为TCP协议

（2）socket.getaddrinfo(host,port)，用于将主机域名（host）和端口（port）转换为用于创建套接字的元组序列。

8.3.3　网络通信流程

在网络通信中，通常有一个设备一直处于等待别人发送通信请求的状态，这种设备通常被称为服务器。相对的，请求通信的设备被称为客户端。

根据连接启动的方式以及本地套接字要连接的目标，套接字之间的连接过程可以分为三步。

（1）服务器监听：服务器端套接字并不定位具体的客户端套接字，而是处于等待连接的状态，实时监控网络状态。

（2）客户端请求：由客户端的套接字提出连接请求，要连接目标是服务器端的套接字。为此，客户端的套接字必须先描述它要连接的服务器的套接字，指出服务器端套接字的地址和端口号，然后向服务器端套接字提出连接请求。

（3）连接确认：当服务器端套接字监听到或者说接收到客户端套接字的连接请求时，就会响应客户端套接字的请求，并把服务器端套接字的描述发送给客户端。一旦客户端确认了此描述，连接就建立了。而服务器端套接字继续处于监听状态，接收其他客户端套接字的连接请求。

根据以上描述，我们尝试通过网络实现与掌控板的数据通信。具体代码如下：

```
from mpython import *
import socket

SSID = "CMCC-DENG"        #这里要换成你的网络名称，CMCC-DENG是笔者的网络名称
PASSWORD = "你的网络密码"  #你的网络密码
myWifi = Wifi()
```

```
myWifi.connectWifi(SSID,PASSWORD)

addr_info = socket.getaddrinfo(myWifi.sta.ifconfig()[0],80)   #1
print(addr_info)                                              #2
addr = addr_info[0][-1]

s = socket.socket()                                           #3定义一个网络连接
s.setsockopt(socket.SOL_SOCKET,socket.SO_REUSEADDR,1)         #4设置套接字属性

s.bind(addr)                                                  #5绑定IP和端口号
s.listen(5)                                                   #6

while True:
  res = s.accept()                                            #7
  print(res)

  client_s = res[0]                                           #8提取客户端信息
  client_addr = res[1]

  client_s.send('hello world')                                #9向客户端发送数据
  client_s.close()
```

参考程序中注释的数字标号，代码介绍如下：

#1部分，通过getaddrinfo()方法将主机域名和端口转换为用于创建套接字的元组序列，sta对象的ifconfig()方法能够返回掌控板的IP地址、子网掩码、网关、DNS等信息的列表，列表的第0项就是本设备的IP地址。后面的80为设定的端口号。

#2部分，通过print函数将getaddrinfo()方法的返回值显示在REPL中，这里显示的内容为

```
[(2,1,0,'192.168.1.35',('192.168.1.35',80))]
```

这个列表中第0项的最后一项为('192.168.1.35',80)。

#3部分，定义一个网络连接。

#4部分，设置套接字属性。socket.SOL_SOCKET是指在套接字级别上设置选项。而socket.SO_REUSEADDR指端口释放后立即就可以被再次使用（一般来说，一个端口释放后要等待两分钟之后才能再被使用）。

#5部分，绑定IP和端口号。

#6部分，监听，listen方法的参数backlog表示接受套接字的最大数。这个数不能小于0（小于0将自动设置为0），超出后系统将拒绝新的套接字连接。

#7部分，接收一个套接字中已建立的连接，accept()方法会提取所监听套接字的等待连接队列中的第一个连接请求，创建一个新的套接字，并返回指向该套接字的文件描述符。

#8部分，从套接字的文件描述符中提取客户端信息。

#9部分，向客户端发送数据并关闭客户端。

将以上代码刷入掌控板，待掌控板正常连接网络之后（在REPL中看到"Connection Successful"字样），打开电脑端的浏览器，在地址栏中输入"192.168.1.35:80"（之前设定端口号为80）并按下回车键，就会看到图8.1所示的内容。

图8.1　在浏览器中显示"hello world"

这里，浏览器中显示的字符即为#9部分掌控板向客户端发送的字符数据。同时，由于#7部分之后我们打印了套接字的内容，因此在REPL中能看到如下信息：

```
(<socket>,('192.168.1.29',64015))
```

其中，第0项res[0]为客户端套接字，第1项res[1]为客户端IP地址。

> **说 明**
>
> 在浏览器地址栏输入"192.168.1.35:80"并按下回车键，会发现后面的":80"消失了，这是因为80端口是为HTTP开放的，浏览网页服务默认的端口号都是80，输入时可以省略。

8.4 以网页形式反馈

浏览器显示的内容通常不是只有字符信息，本节我们让掌控板返回一个网页。

8.4.1 网站网页

网页是网站的基本元素，是承载各种网站应用的平台。我们每天打开浏览器看到的各种信息都是通过网页展现的，网页之间相互链接便构成了网络世界。如果你有一个网站，那么它也一定是由网页组成的；如果你只有域名和服务器而没有制作任何网页，那么他人无法访问你的网站。

网页是一个文件，是网络世界中的一"页"，这个文件为HTML格式，文件扩展名为.html。HTML文件通过浏览器解析后就会变成我们看到的网页，在浏览器地址栏输入该网页的网络地置就可以打开，就像我们在电脑中输入一个文件的地址并打开文件一样。网页中的链接实际上也是一个个其他网页在网络中的位置，通过这些相互关联的链接，我们就能看到一个接一个的网页。

8.4.2 HTML

HTML是标准通用标记语言下的一个应用，也是一种规范、一种标准。它通过符号标记要显示的网页的各个部分，标记符中的标记元素用尖括号括起来，带斜杠的元素表示该标记说明结束；大多数标记符必须成对使用，以表示作用的起始和结束；标记元素忽略大小写，一个标记元素的内容可以写成多行；标记符号，包括尖括号、标记元素、属性项等必须使用半角的西文字符，不能使用全角字符。表8.4列出了一些常用的标记符号。

表8.4 HTML常用标记符号

标记符号	说 明	类 型
<html></html>	创建一个HTML文档	基本框架
<head></head>	设置文档标题和其他在网页中不显示的信息	基本框架
<script></script>	脚本语句标签，如引用javascript脚本	基本框架
<body></body>	文档的可见部分	基本框架
<title></title>	设置文档的标题	基本框架
<h1></h1>	一号标题	内容说明
<h2></h2>	二号标题	内容说明
<pre></pre>	预先格式化文本	内容说明
<u></u>	下划线	内容说明
<b></b>	黑体字	内容说明
<i></i>	斜体字	内容说明
<em></em>	强调文本（通常是斜体加黑体）	内容说明
<delect></delect>	加删除线	内容说明
<code></code>	程式码	内容说明
<p></p>	创建一个段落	格式标记
<p align = "">	将段落按左、中、右对齐	格式标记
 	定义新行	格式标记
<blockquote></blockquote>	从两边缩进文本	格式标记
<div align = ""></div>	用来排版大块HTML段落，也用于格式化表	格式标记
<center></center>	水平居中	格式标记
<img src = ""/>	添加图像	格式标记
<a href = ""></a>	超链接	格式标记
<meta />	可用来描述一个HTML网页文档的属性，如作者、时间、关键词、页面刷新等，分为HTTP-EQUIV和NAME两大部分	格式标记

　　网页文件本身是一种文本文件，我们在文本文件中添加标记符告诉浏览器如何显示其中的内容。浏览器按顺序阅读网页文件，然后根据标记符解释和显示其标记的内容。对于书写出错的标记，浏览器不会指出错误，且不会停止其解释执行过程，制作者只能通过显示效果来分析出错原因和出错部位。要注意的是，不同的浏览器对同一标记符可能会有不完全相同的解释，因而可能会有不同的显示效果。

　　HTML文档制作不是很复杂，但功能强大，支持不同数据格式文件的镶入。HTML是网络的通用语言，一种简单、通用的全置标记语言。它允许网页制作者建立文本与图片相结合的复杂页面，进而在网上被其他人浏览到，无论使用的是什么类型的电脑或浏览器。

标准HTML文件都具有一个基本的整体结构，即在标记符号`<html>``</html>`之间包含头部信息与主体内容两大部分。头部信息以`<head>``</head>`表示开始和结尾，其中包含页面的标题、序言、说明等内容。它本身不作为内容显示，但会影响网页显示的效果。头部信息中最常用的标记符是标题标记符，它用于定义网页标题。它的内容显示在网页窗口的标题栏中，网页标题可被浏览器用于书签和收藏清单。而主体内容是真正网页中显示的内容，包含在标记符号`<body>``</body>`中。

另外，HTML语言中也有注释。HTML注释由符号"`<!--`"开始，由符号"`-->`"结束结束，如`<!--注释内容-->`。注释内容可插入文本中的任何位置。在任何标记的一开始插入惊叹号，即被标识为注释，不予显示。

8.4.3　网页制作

有很多专业软件可用于制作HTML网页文件。使用专业软件能够直观体现网站的展现效果，开发速度更快，效率更高。但是，使用最基本的文本编辑软件也能制作HTML网页文件，如使用Windows记事本。下面，我们来制作一个简单的HTML网页文件。

（1）新建一个空的记事本文件，取名为`HTML TEST.txt`，如图8.2所示。

图8.2　新建txt文件

（2）打开txt文件后，先输入网页的基本结构：

```
<html>

<head>
</head>

<body>
</body>

</html>
```

（3）标记符号<html></html>表明这是一个HTML文件，之间包含头部信息与主体内容两大部分。头部信息以<head></head>表示开始和结尾，主体内容以<body></body>表示开始和结尾。接着，在头部信息中给网页添加一个标题mPython：

```
<title>mPython</title>
```

（4）在主体内容中添加一个一级标题和一个二级标题：

```
<h1>HTML TEST</h1>

<h2>程晨</h2>
```

（5）我们希望能在网页中显示一张图片，因为网页中的资源必须是网络资源，所以这张图片也必须是网络上的图片。例如，在盛思官网上找一张图片，右击选择"复制图片网址"，如图8.3所示。这样就能得到这张图片在网络上的位置，笔者选择的图片的网络位置为https://www.labplus.cn/f1e4a38d9cf545f2016a9c51683982c0.png。

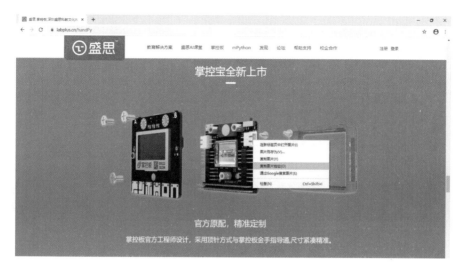

图8.3　获取图片网络位置

（6）通过标记符号<img src = ""/>将图片添加到文件中。其中，src
后面的双引号内就是图片的位置：

```
<img src = "https://www.labplus.cn/f1e4a38d9cf545f2016a9c51683982c0.
png"/>
```

（7）最终，完整代码如下：

```
<html>

<head>
<title>mPython</title>
</head>

<body>

<h1>HTML TEST</h1>
<h2>程晨</h2>

<img src = "https://www.labplus.cn/f1e4a38d9cf545f2016a9c51683982c0.
png"/>

</body>
</html>
```

确认内容书写正确后，保存文件并关闭文本编辑器，将HTML TEST.txt文
件更名为HTML TEST.html，如图8.4所示。这样，一个简单的HTML文件就制
作完成了。

图8.4　将文件更名为HTML TEST.html

说　明

　　这里更改的是文件后缀名，不是将HTML TEST更名为HTML TEST.html。更
名前请确保能看到后缀名.txt，然后将.txt更改为.html。

　　HTML TEST.html文件需要用浏览器打开，打开后的显示效果如图8.5
所示。这里要注意头部信息与主体内容两部分的区别，头部信息中的标题
mPython显示在浏览器的标签页，而没有出现在网页显示内容中。

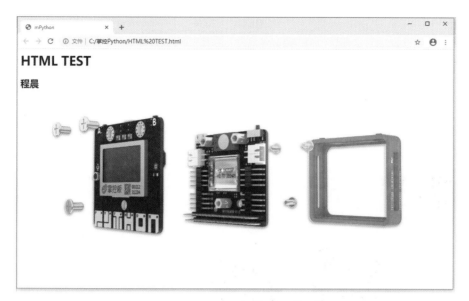

图8.5 HTML文件显示效果

8.4.4 在服务器上运行网页

在自己的电脑上双击网页文件，系统会调用与文件匹配的软件来打开文件，这样我们就能在浏览器中查看刚才制作的HTML文件。那么，如何打开网络端的网页文件呢？

为了让掌控板反馈给浏览器一个网页效果，我们要把网页文件作为反馈内容发送给客户端。为此，我们在代码中创建一个包含网页内容的变量：

```
CONTENT = '''<html>

<head>
<title>mPython</title>
</head>

<body>

<h1>HTML TEST</h1>
<h2>程晨</h2>

<img src = "https://www.labplus.cn/f1e4a38d9cf545f2016a9c51683982c0.png"/>

</body>
</html>'''
```

然后将#9部分的client_s.send('hello world')改为client_s.send(CONTENT)。调整完成后，将代码刷入掌控板，待掌控板正常连接网络之后，打开电脑端的浏览器。在地址栏中输入"192.168.1.35"并按下回车键，此时就会看到图8.6所示的显示内容。

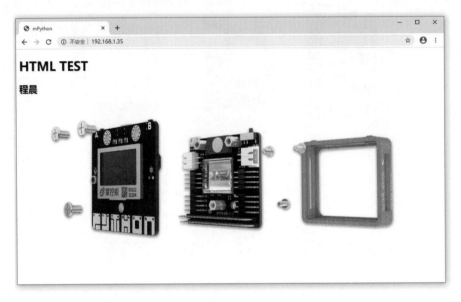

图8.6　掌控板反馈的网页

注意，图8.6和图8.5中地址栏的内容是不一样的，图8.6所示的网页不是本地电脑上的文件，而是存在掌控板上的网页。

说　明

我们通常输入的网址也被称为域名，地址栏中的网址实际上也会通过域名解析功能转换为IP地址。

网络上的电脑最终是通过IP地址定位的。给出一个IP地址，就可以找到网络上的某台电脑主机。由于IP地址难于记忆，所以人们又发明了域名来代替IP地址。但是，通过域名并不能直接找到要访问的主机，中间有一个从域名查找IP地址的过程，这个过程就是域名解析。

如果网页中出现乱码，可尝试将包含网页的变量内容改为

```
CONTENT = '''
<!DOCTYPE HTML>
```

```
<html>
<head><meta charset = "utf-8">
<title>mPython</title>
</head>

<body>

<h1>HTML TEST</h1>
<h2>程晨</h2>

<img src = "https://www.labplus.cn/f1e4a38d9cf545f2016a9c51683982c0.
png"/>

</body>
</html>'''
```

其中红色部分为新增内容，通过描述HTML网页文档属性的<meta>来告诉浏览器，网页字符编码为UTF-8格式。

8.5　基于网络的交互

8.5.1　获取发送给服务器的数据

在浏览器地址栏输入的信息中，IP地址及端口号会被对应到网络上的某台设备，如果后续增加/符号及字符，这些字符会作为请求信息的一部分发送给服务器。

通过客户端套接字的recv方法能够获取客户端发送给服务器的请求。例如，将上述代码中的while循环部分变成下面这样：

```
while True:
  res = s.accept()                          #7
  print(res)

  client_s = res[0]                         #8提取客户端信息
  client_addr = res[1]

  req = client_s.recv(4096)
  print(req)
```

```
client_s.send(CONTENT)                              #9向客户端发送数据
client_s.close()
```

红色部分为新增代码，其中 recv 方法的参数是指一次接收 4096 个字节。当程序在掌控板中运行且我们通过浏览器访问掌控板时，就会在 REPL 中看到如下内容：

```
b'GET/favicon.ico HTTP/1.1\r\nHost:192.168.1.35\r\nConnection:keep-
alive\r\nPragma:no-cache\r\nCache-Control:no-cache\r\nUser-
Agent:Mozilla/5.0(Windows NT 10.0;Win64;x64)AppleWebKit/537.36(KHTML,like
Gecko)Chrome/84.0.4147.135 Safari/537.36\r\nAccept:image/webp,image/
apng,image/*,*/*;q = 0.8\r\nReferer:http://192.168.1.35/\r\nAccept-
Encoding:gzip,deflate\r\nAccept-Language:zh-CN,zh;q = 0.9\r\n\r\n'
```

这些内容中包含客户端发送请求的请求方式、使用协议、语言环境等，甚至还包含操作系统、浏览器信息等内容。以上信息是通过电脑端 Chrome 浏览器发送的请求，如果通过手机端浏览器发送请求，则会显示下述类似内容：

```
b'GET/favicon.ico HTTP/1.1\r\nHost:192.168.1.35\r\nConnection:keep-
alive\r\nUser-Agent:Mozilla/5.0(Linux;U;Android 10;zh-cn;M2004J19C
Build/QP1A.190711.020)AppleWebKit/537.36(KHTML,like Gecko)
Version/4.0 Chrome/71.0.3578.141 Mobile Safari/537.36 XiaoMi/
MiuiBrowser/12.6.14\r\nAccept:image/webp,image/apng,image/*,*/*;q =
0.8\r\nReferer:http://192.168.1.35/\r\nAccept-Encoding:gzip,deflate\r\
nAccept-Language:zh-CN,en-US;q = 0.9\r\n\r\n'
```

在信息中能看到，笔者使用的是小米手机的 MIUI 浏览器。

8.5.2　控制掌控板上的全彩 LED

在地址栏中输入 192.168.1.35/hello 之后，还会在上述信息中看到输入的字符串"hello"。

```
b'GET/favicon.ico HTTP/1.1\r\nHost:192.168.1.35\r\
nConnection:keep-alive\r\nPragma:no-cache\r\nCache-Control:no-
cache\r\nUser-Agent:Mozilla/5.0(Windows NT 10.0;Win64;x64)
AppleWebKit/537.36(KHTML,like Gecko)Chrome/84.0.4147.135 Safari/537.36\
r\nAccept:image/webp,image/apng,image/*,*/*;q = 0.8\r\nReferer:ht
tp://192.168.1.35/hello\r\nAccept-Encoding:gzip,deflate\r\nAccept-
Language:zh-CN,zh;q = 0.9\r\n\r\n'
```

我们可以通过这种方式对掌控板硬件进行控制。这里定义接收到 LEDOn 时让第一个板载全彩LED发红光，而接收到LEDOff时熄灭板载全彩LED。对应代码如下：

```
if req.find("/LEDOn") != -1:
    rgb[0] = (255,0,0)
    rgb.write()

if req.find("/LEDOff") != -1:
    rgb[0] = (0,0,0)
    rgb.write()
```

这里使用了字符串的方法find。该方法会查找字符串中是否有参数中指定的字符串，有则返回参数字符串的位置，没有则返回-1。这就是判断之前的req字符串中是否有"/LEDOn"或"/LEDOff"，并以此控制第一个全彩LED是发红光还是熄灭。

将上面的代码加到客户端发送数据之前，将修改后的代码刷入掌控板，待掌控板正常连接网络之后，打开电脑端浏览器，在地址栏中输入"192.168.1.35"以及"/LEDOn"并按下回车键，就会看到第一个全彩LED发红光。如果在地址栏中输入"192.168.1.35"以及"/LEDOff"并按下回车键，就会看到第一个全彩LED熄灭。

如果你觉得每次都要在地址栏中输入"/LEDOn"或"/LEDOff"很费事，还可以在网页中添加两个超链接，分别对应上面的192.168.1.35/LEDOn和192.168.1.35/LEDOff。因为LEDOn或者LEDOff之前的地址实际上就是网页地址，所以用<a href = ""></a>标识超链接时不用将IP地址加在里面，只需要写/LEDOn或/LEDOff。

```
<a href = \"/LEDOn\">turn on</a>the LED<br>
<a href = \"/LEDOff\">turn off</a>the LED<br>
```

将上面两句代码添加在网页的内容，即标记符号<body></body>中即可。笔者添加在了图片之前，完成后的整体代码如下：

```
from mpython import *
import socket


SSID = "CMCC-DENG"        #这里要换成你的网络名称，CMCC-DENG是笔者的网络名称
PASSWORD = "你的网络密码"  #你的网络密码
```

```
myWifi = Wifi()
myWifi.connectWifi(SSID,PASSWORD)

CONTENT = '''
<!DOCTYPE HTML>
<html>
<head><meta charset = "utf-8">
<title>mPython</title>
</head>

<body>

<h1>HTML TEST</h1>
<h2>程晨</h2>

<a href = \"/LEDOn\">turn on</a>the LED<br>
<a href = \"/LEDOff\">turn off</a>the LED<br>

<img src = "https://www.labplus.cn/f1e4a38d9cf545f2016a9c51683982c0.png"/>

</body>
</html>'''

addr_info = socket.getaddrinfo(myWifi.sta.ifconfig()[0],80)    #1
print(addr_info)                                               #2
addr = addr_info[0][-1]

s = socket.socket()                                            #3定义一个网络连接
s.setsockopt(socket.SOL_SOCKET,socket.SO_REUSEADDR,1)        #4设置套接字属性

s.bind(addr)                                                   #5绑定IP和端口号
s.listen(5)                                                    #6

while True:
  res = s.accept()                                             #7
  print(res)

  client_s = res[0]                                           #8提取客户端信息
  client_addr = res[1]

  req = str(client_s.recv(4096))
  print(req)
```

```
if req.find("/LEDOn") != -1:
  rgb[0] = (255,0,0)
  rgb.write()

if req.find("/LEDOff") != -1:
  rgb[0] = (0,0,0)
  rgb.write()

client_s.send(CONTENT)                              #9向客户端发送数据
client_s.close()
```

添加超链接之后的网页如图8.7所示。

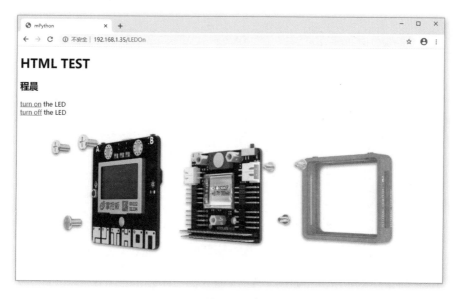

图8.7　添加超链接后的网页

　　此时，使用鼠标就能完成对LED的控制：点击网页中的"turn on"就能够让LED发红光，再点击"turn off"就能够让LED熄灭。

8.5.3　网页中显示光线强度

　　既然能在网页上显示字符信息、显示图片，那同样也可以把通过传感器获得的值显示在网页上。这里，先对网页内容做一些调整，增加了一行显示"掌控板光线强度为："的内容：

```
CONTENT = '''
<!DOCTYPE HTML>
```

```
<html>
<head><meta charset = "utf-8">
<title>mPython</title>
</head>


<body>

<h1>HTML TEST</h1>
<h2>程晨</h2>

<a href = \"/LEDOn\">turn on</a>the LED<br>
<a href = \"/LEDOff\">turn off</a>the LED<br>

<img src = "https://www.labplus.cn/f1e4a38d9cf545f2016a9c51683982c0.
png"/>
<br/>掌控板光线强度为:
'''
```

同时删掉了最后两行：

```
</body>
</html>
```

然后将

```
client_s.send(CONTENT)
```

修改为

```
NEW_CONTENT = CONTENT + str(light.read()) + "</body></html>"
client_s.send(NEW_CONTENT)
```

将调整之后的代码刷入掌控板，待掌控板正常连接网络之后，打开电脑端浏览器，在地址栏中输入IP地址并按下回车键，就会在图片下方看到掌控板当前的光线传感器值，效果如图8.8所示。

这样，刷新网页时就能查看当时掌控板所处环境的光线强度。但是，每次都要手动刷新才能查看最新的光线强度值或传感器值。我们希望网页能够自动刷新，定时更新光线强度值，这就需要在网页的HTML文件中增加自动更新的部分。

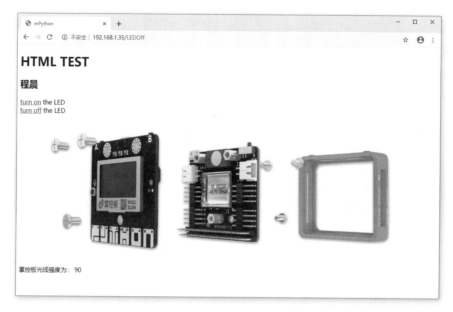

图8.8　显示掌控板的光线强度

自动更新代码要使用HTML中的META标记（之前解决乱码问题时用过）。META标记是HTML中的一个关键标记，位于头部信息当中，即<head>和</head>之间。这些内容不会作为内容显示，用户不可见，但却是文档的基本信息。META标记并不是独立存在的，要在后面连接其他属性：想实现自动更新，需要连接http-equiv属性，属性的参数为"refresh"。如果希望网页每10秒刷新一次，则代码如下：

```
<meta http-equiv = "refresh"content = "10">
```

其实这种用法还可以实现跳转，在后面加上一个想要跳转的网页即可。例如，想要在10秒之后跳转到百度，则代码如下：

```
<meta http-equiv = "refresh"content = "10;url = http://www.baidu.com">
```

这里，我们只希望实现每10秒自动刷新，添加META标记后的头部信息如下：

```
......
<head><meta charset = "utf-8">
<meta http-equiv = \"refresh\"content = \"10\">
<title>mPython</title>
</head>
......
```

将新代码刷入掌控板之后，再打开浏览器查看网页，网页就会10秒刷新一次，不断更新显示的光线强度值。如果大家觉得10秒时间太长，想改为5秒，可以修改META标记后content参数的数值，将10改为5即可。以上就是本书中网络应用部分的内容。

▌练　习

尝试将上一章的"点歌台"改造成"网络点歌台"，能够通过网页选择6首音乐中的任一首播放。当我们打开网页时会显示6首音乐的名字，且每首音乐的后面都有"play"和"stop"两个选项，选择"play"时就会播放相应的音乐，选择"stop"时就会停止播放音乐。

○ 参考答案

（1）先制作网页内容，其中包含6首音乐的名字（参考上一节中的练习），每个名字后面都有"play"和"stop"两个选项，对应html文件如下：

```
<!DOCTYPE HTML>
<html>
<head><meta charset = "utf-8">
<title>nille's music box</title>
</head>

<body>

<br/>彩云追月    <a href = \"/PLAY1\">play</a>  <a href = \"/stop\">stop</a><br/>
<br/>东方红      <a href = \"/PLAY2\">play</a>  <a href = \"/stop\">stop</a><br/>
<br/>歌唱祖国    <a href = \"/PLAY3\">play</a>  <a href = \"/stop\">stop</a><br/>
<br/>茉莉花      <a href = \"/PLAY4\">play</a>  <a href = \"/stop\">stop</a><br/>
<br/>沂蒙山小调  <a href = \"/PLAY5\">play</a>  <a href = \"/stop\">stop</a><br/>
<br/>走进新时代  <a href = \"/PLAY6\">play</a>  <a href = \"/stop\">stop</a><br/>

</body>
</html>
```

（2）完成显示网页的代码，代码如下：

```
from mpython import *
import socket
```

```
SSID = "CMCC-DENG"          #这里要换成你的网络名称，CMCC-DENG是笔者的网络名称
PASSWORD = "你的网络密码" #你的网络密码
myWifi = Wifi()
myWifi.connectWifi(SSID,PASSWORD)

CONTENT = '''
<!DOCTYPE HTML>
<html>
<head><meta charset = "utf-8">
<title>nille's music box</title>
</head>

<body>

<br/>彩云追月    <a href = \"/PLAY1\">play</a>  <a href = \"/stop\">stop</a><br>
<br/>东方红      <a href = \"/PLAY2\">play</a>  <a href = \"/stop\">stop</a><br>
<br/>歌唱祖国    <a href = \"/PLAY3\">play</a>  <a href = \"/stop\">stop</a><br>
<br/>茉莉花      <a href = \"/PLAY4\">play</a>  <a href = \"/stop\">stop</a><br>
<br/>沂蒙山小调  <a href = \"/PLAY5\">play</a>  <a href = \"/stop\">stop</a><br>
<br/>走进新时代  <a href = \"/PLAY6\">play</a>  <a href = \"/stop\">stop</a><br>

</body>
</html>
'''

addr_info = socket.getaddrinfo(myWifi.sta.ifconfig()[0],80)    #1
print(addr_info)                                               #2
addr = addr_info[0][-1]

s = socket.socket()                                            #3定义一个网络连接
s.setsockopt(socket.SOL_SOCKET,socket.SO_REUSEADDR,1) #4设置套接字属性

s.bind(addr)                                                   #5绑定IP和端口号
s.listen(5)                                                    #6

while True:
  res = s.accept()                                             #7
  print(res)

  client_s = res[0]                                            #8提取客户端信息
  client_addr = res[1]

  client_s.send(CONTENT)                                       #9向客户端发送数据
```

```
        client_s.close()
```

（3）根据不同超链接播放不同的音乐，最终代码如下：

```
from mpython import *
import socket
import music

SSID = "CMCC-DENG"        #这里要换成你的网络名称，CMCC-DENG是笔者的网络名称
PASSWORD = "你的网络密码"           #你的网络密码
myWifi = Wifi()
myWifi.connectWifi(SSID,PASSWORD)

CONTENT = '''
<!DOCTYPE HTML>
<html>
<head><meta charset = "utf-8">
<title>nille's music box</title>
</head>

<body>

<br/>彩云追月    <a href = \"/PLAY1\">play</a>   <a href = \"/stop\">stop</a><br>
<br/>东方红      <a href = \"/PLAY2\">play</a>   <a href = \"/stop\">stop</a><br>
<br/>歌唱祖国    <a href = \"/PLAY3\">play</a>   <a href = \"/stop\">stop</a><br>
<br/>茉莉花      <a href = \"/PLAY4\">play</a>   <a href = \"/stop\">stop</a><br>
<br/>沂蒙山小调  <a href = \"/PLAY5\">play</a>   <a href = \"/stop\">stop</a><br>
<br/>走进新时代  <a href = \"/PLAY6\">play</a>   <a href = \"/stop\">stop</a><br>

</body>
</html>
'''

addr_info = socket.getaddrinfo(myWifi.sta.ifconfig()[0],80)#1
print(addr_info)                                          #2
addr = addr_info[0][-1]

s = socket.socket()                                       #3定义一个网络连接
s.setsockopt(socket.SOL_SOCKET,socket.SO_REUSEADDR,1)     #4设置套接字属性

s.bind(addr)                                              #5绑定IP和端口号
s.listen(5)                                               #6
```

```
while True:
  res = s.accept()                                      #7
  print(res)

  client_s = res[0]                                     #8提取客户端信息
  client_addr = res[1]

  req = str(client_s.recv(4096))

  if req.find("/PLAY1") != -1:
    music.play(music.CAI_YUN_ZHUI_YUE,wait = False)

  if req.find("/PLAY2") != -1:
    music.play(music.DONG_FANG_HONG,wait = False)

  if req.find("/PLAY3") != -1:
    music.play(music.GE_CHANG_ZU_GUO,wait = False)

  if req.find("/PLAY4") != -1:
    music.play(music.MO_LI_HUA,wait = False)

  if req.find("/PLAY5") != -1:
    music.play(music.YI_MENG_SHAN_XIAO_DIAO,wait = False)

  if req.find("/PLAY6") != -1:
    music.play(music.ZOU_JIN_XIN_SHI_DAI,wait = False)

  if req.find("/stop") != -1:
    music.stop()

  client_s.send(CONTENT)                                #9向客户端发送数据
  client_s.close()
```

最后，手机浏览器上显示的网页如图8.9所示。

nille's music box

彩云追月 play stop

东方红 play stop

歌唱祖国 play stop

茉莉花 play stop

沂蒙山小调 play stop

走进新时代 play stop

图8.9　手机浏览器上显示的网页内容